U0255628

普通高等教育系列教材

Web 开发技术
——HTML、CSS、JavaScript

赵　振　郝生武　王海红　主　编

高　杨　周生昌　袁铭壕　副主编

安仲辉　李仲浩　解同磊　张　鑫

王　康　赵　杰　范明勇　李福鑫　参　编

都姜帆　季金一　崔舒娅　杨红光

李　泽　曹　美

机械工业出版社

本书主要讲解了 Web 前端开发的相关知识，主要包括 HTML、CSS 和 JavaScript 等内容。在讲解理论知识的基础上，本书更加重视应用实践，分 3 个层次来强化学生的实际动手能力，包括每个知识点后的示例 demo，每章后的综合应用实例，以及每个部分后的实际案例。本书配套提供所有的源代码。

本书从实用的角度出发，在设计案例、章节内容等方面，力求能够满足读者需求，使读者可以迅速理解并借鉴应用相关知识点。

本书既可作为高等学校 Web 开发基础课程的教材，也可作为 Web 开发人员的技术参考书。

本书配套授课电子课件，需要的教师可登录 www.cmpedu.com 免费注册，审核通过后下载，或联系编辑索取。微信：15910938545。电话：010-88379739。

图书在版编目（CIP）数据

Web 开发技术：HTML、CSS、JavaScript / 赵振，郝生武，王海红主编. —北京：机械工业出版社，2018.4（2022.6 重印）
普通高等教育系列教材
ISBN 978-7-111-59213-6

Ⅰ. ①W… Ⅱ. ①赵… ②郝… ③王… Ⅲ. ①超文本标记语言－程序设计－高等学校－教材②网页制作工具－高等学校－教材③JAVA 语言－程序设计－高等学校－教材 Ⅳ. ①TP312.8②TP393.092

中国版本图书馆 CIP 数据核字（2018）第 047831 号

机械工业出版社（北京市百万庄大街 22 号 邮政编码 100037）
责任编辑：郝建伟　　责任校对：张艳霞
责任印制：单爱军
北京虎彩文化传播有限公司印刷
2022 年 6 月第 1 版·第 5 次印刷
184mm×260mm·17 印张·412 千字
标准书号：ISBN 978-7-111-59213-6
定价：49.90 元

前　　言

本书主要讲解了 Web 前端开发的相关知识，包括 HTML、CSS 和 JavaScript 等内容。

在讲解理论知识的基础上，本书更加重视应用实践，分 3 个层次来强化学生的实际动手能力：（1）每个知识点后都附有详细的示例 demo 小程序，以讲解知识点的实际应用；（2）每章结尾的实验要求学生综合应用本章知识点，完成一个较为复杂的任务。（3）以一个实际案例项目一以贯之。全书分为 3 部分（HTML、CSS 及 JavaScript）进行讲解。书中提供一个实际案例项目，在每一部分完成后，综合使用讲解的相关内容，对网站进行相应设计与优化；通过深入实践，让读者能够熟练掌握所学知识，并将它们应用到实际工作中；通过逐步的深入，学生可以深入理解每一部分相关知识在网页设计中的作用、技术进化和优势等，将 Web 前端开发技术串联成一个整体。

本书对各相关知识点进行了独到的讲解，尤其对一些重要的知识，例如，网页设计不仅要关注基本知识，还要考虑搜索引擎友好的相关知识介绍；对 frame 布局、table 布局、CSS 布局的纵向比较与分析； Ajax 的相关知识及案例应用的讲解等。请读者在文中仔细品读，这里不再详述。

本书对章节名称（尤其是小节标题）、示例 demo 名称及示例 demo 中运行结果的描述力求目标明确、示意清晰，使读者也可以将本书当作一本工具书。读者在需要时，可按照相关章节、demo 的名称迅速、方便地查到相关内容；并且在查看相关 demo 后，即可进行借鉴使用，甚至无需再看书中的知识介绍。

参加本书编写、设计工作的团队成员包括赵振、郝生武、王海红、高杨、周生昌、袁铭壕、李仲浩、解同磊、安仲辉、张鑫、王康、赵杰、范明勇、李福鑫、都姜帆、季金一、崔舒娅、杨红光、李泽、曹美。他们在梳理本书框架、方向的前提下，花费了大量的时间和精力，关注模糊、晦涩的细节，查阅了大量资料，做了大量实验，最终完成了本书的撰写。感动于团队所有人不畏困难、努力付出的精神，在此一并感谢！

本书配套提供所有的源代码。

由于时间仓促，书中难免存在不妥之处，敬请广大读者原谅，并提出宝贵意见。

编　　者

目　　录

第1章　HTML 基础

在 Internet 上畅游时，通过浏览器所看到的网站是由 HTML 语言构成的。HTML 语言可以将文字、图像、声音及表格等内容，按照一定规则在网络上进行展示。本章将主要介绍 HTML 的概念、特点、发展及常用开发工具等基础知识，在此基础上概要介绍如何构建第一张 HTML 网页。

1.1　HTML 简介

1. 什么是 HTML

HTML（Hyper Text Marked Language，超文本标记语言）是一种基于 SGML（Standard Generalized Markup Language，标准通用标记语言）的，用来制作超文本文档的简单标记语言。简单来讲，HTML 就是构建一套标记符号和语法规则，将所要显示的文字、图像和声音等要素按照一定的标准要求排放，形成一定的标题、段落和列表等单元。

HTML 由 Web 的发明者 Tim Berners-Lee 和同事 Daniel W.Connolly 于 1990 年创立。自 1990 年以来，一直被用作 WWW（World Wide Web，万维网）的信息表示语言，使用 HTML 语言描述的文件需要通过 WWW 浏览器显示出效果。

2. HTML 的特点

1）HTML 不是一种编程语言，而是一种标记语言（Markup Language），由一套标记标签（Markup tag）组成并描述网页。

2）HTML 文档非常容易创建，只需一个文本编辑器就可以完成。

3）通过 HTML 描述的文档，可包含出版在线的文档，其中包含标题、文本、表格、列表、超链接、图片、视频和音频等内容。

4）HTML 文件存储量小，能够尽可能快地在网络环境下传输与显示。

5）HTML 独立于操作系统平台，它能对多平台兼容，只需要一个浏览器，就能够在操作系统中浏览网页文件。

1.2　HTML 开发工具简介

1. 文本编辑器

HTML 文件可以直接使用文本编辑器（如记事本等）进行编写。编写完成后，将文本的扩展名改为.htm 或.html，即成为一个 HTML 文件，可以使用浏览器打开该网页文件进行浏览。

2. FrontPage

FrontPage 是微软公司出品的一款网页制作入门级软件，"所见即所得"是其特点，该软件结合了设计、程式码和预览三种模式。2006 年，微软公司宣布 Microsoft FrontPage 将会被 Microsoft SharePoint Designer 新产品替代。

Microsoft Office System 2007 已经包含 Microsoft SharePoint Designer，其实现了多系统的单点访问。这些系统包括 Microsoft Office System 程序、商业智能和项目管理系统，以及现有的业务应用程序（包括第三方和行业专用的程序）。这不仅易于用户使用，还可以消除冗余解决方案的成本支出，可以从系统和报告中及时提取出相关的信息并加以重新利用。

3. Adobe Dreamweaver

Adobe Dreamweaver 的中文名称为"梦想编织者"，是由美国 MACROMEDIA 公司开发的、集网页制作和管理网站于一身的所见即所得网页编辑器。在 Dreamweaver CS4 中新增的实时视图功能，可以使用户在真实的浏览器环境中设计网页，同时仍可以直接访问代码，所呈现的屏幕内容会立即反映出对代码所做的更改。

4. Aptana

Aptana 是一个非常强大、开源的、基于 Eclipse 的集成开发环境，支持 HTML、JavaScript 及 CSS 的编辑与开发。Aptana 经常作为 JavaScript 的编辑器和调试器。其特点包括了代码语法错误提示、Aptana UI 自定义和扩展、编码支持，以及跨平台等。

5. 其他

由于 HTML 编程工具可以仅仅是一个简单的文本编辑器，因此已有的大部分集成开发环境如 Eclipse、.NET 等都支持 HTML 编程开发。另外，对于本书后面将要学习的 CSS 和 JavaScript，上述工具均适用。

1.3 第一张 HTML 网页

1.3.1 HTML 的相关基本概念

1. HTML 标签

HTML 标签用于定义 HTML 文档程序。

HTML 标签由开始标签和结束标签组成。开始标签是被尖括号包围的元素名，结束标签是被尖括号包围的斜杠和元素名，如 <html>、</html> 就是一对开始标签和结束标签。而某些 HTML 元素没有结束标签，如
。

2. HTML 元素

HTML 元素是指从开始标签到结束标签内的所有内容。

如在 <p>This is a paragraph</p> 这段代码中，从开始标签 <p> 到结束标签 </p> 构成一个元素，这个元素拥有一个开始标签 <p>，以及一个结束标签 </p>，元素内容是：This is a paragraph。某些 HTML 元素具有空内容。

大多数 HTML 元素可以嵌套使用。HTML 文档就是由嵌套的 HTML 元素构成的，如下面的代码所示。

```
<html>
  <body>
    <form>
      <p>用户名：<input type="text" name="user" /></p>
      <p>密 码 ：<input type="password" name="password"/></p>
      <input type="submit" value="提交" />
    </form>
  </body>
</html>
```

上述 HTML 文档由 html、body、form、p 及 input 等元素嵌套构成。

3. HTML 属性

HTML 标签可以拥有属性，属性提供了相关 HTML 元素更多的信息。

HTML 属性总是在 HTML 元素的开始标签中设置，以名称/值对的形式出现，如元素 <a href="http://www.baidu.com">baidu 网站首页</a>中的 href 属性的设置。

1.3.2　HTML 文档基本结构

HTML 文档由标题、段落、表格和文本等各种嵌套的元素组成。下面是一个 HTML 文件的基本结构。

```
<html>
  <head>
    …
  </head>
  <body>
    …
  </body>
</html>
```

在上面的代码中，<html></html>标签对向浏览器标明了 HTML 文件开始和结束的位置，其中包括了 head 和 body 元素。HTML 文档中所有的内容都应该在这两个标签之间。

<head></head>标签对标明了 HTML 文件的头部标记，在其中可以放置页面的标题、文档属性等内容，通常将这两个标签之间的内容统称为 HTML 的头部。

<body></body>标签对用来指明文档的主体区域，网页所要显示的内容都放在这个标签对内。

1.3.3　创建 HTML 网页

在 1.2 节中，介绍了若干编辑 HTML 网页的工具，这里介绍使用记事本和 Dreamweaver 两种编辑 HTML 网页的方法。

1. 使用记事本创建 HTML 网页

首先，创建一个记事本文件，打开后编写以下代码。

【例 1-1】 编写 Hello World 网页。

```
<html>
  <head>
    <title>
      Hello World
    </title>
  </head>
  <body>
    Hello world!
    这是我的第一张网页！
  </body>
</html>
```

然后，在保存并关闭该文件后，将该文件的扩展名改为.htm 或.html，这样网页就创建完成了。

2. 使用 Dreamweaver 创建 HTML 网页

首先，启动 Dreamweaver 软件，在菜单栏中选择"文件"→"新建"命令，弹出如图 1-1 所示的"新建文档"对话框。

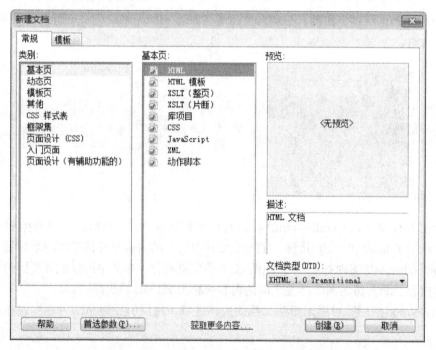

图 1-1　Dreamweaver "新建文档"对话框

在左侧的"类别"列表框中选择"基本页"选项，并在右侧相应的"基本页"列表框中选择 HTML 选项，然后点击"创建"按钮。这时，可以看到如图 1-2 所示的编辑界面。

其中，Dreamweaver 已为用户搭建好了 HTML 文档的基本框架。这时可以向相应的元素内（如 title、body）填入【例 1-1】中的相应代码，然后保存即可。

打开使用上述任何一种方式创建好的网页后，运行效果如图 1-3 所示。

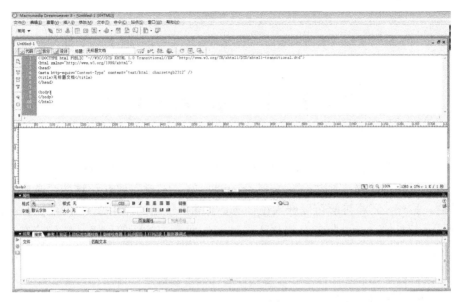

图 1-2　Dreamweaver 编辑界面

图 1-3　Hello World 网页运行效果

1.4　实验与练习

根据本章所学知识，练习使用记事本、Dreamweaver 或其他 HTML 开发工具，构建一张基本的 HTML 网页，运行并查看其效果。

第 2 章　HTML 基本标签

HTML 基本标签是构成 HTML 网页的基本结构，是 HTML 网页的骨架，包括定义文档头部的<head>标签及定义文档主体部分的<body>标签。本章主要介绍这两个基本标签及其相应的属性。另外，还将讲解可以嵌入在<head>元素中使用的，用来定义标题的<title>标签及声明网页元信息的<meta>标签。可嵌入在<body>元素中的标签较多，它们将在后续章节中陆续介绍。

2.1　头部标签<head>

1. 功能介绍

<head>标签用于定义文档的头部，是所有头部元素的容器，用于描述文档的各种属性信息。包含于<head>标签中的元素，可以指定网页的标题、申明使用的脚本语言、指示浏览器在哪里找到样式表，以及提供网页的元信息等。

2. 语法说明

<head>元素包含在<html>元素中，位于 HTML 文档的开始处，如下面的代码所示。

```
<html>
  <head>
    …
  </head>
  <body>
    …
  </body>
</html>
```

2.2　标题标签<title>

1. 功能介绍

<title>元素用于定义文档的标题。浏览器将<title>元素的内容放置在浏览器窗口的标题栏上。另外，当把网页加入到用户的链接列表、收藏夹或书签列表时，标题将成为该文档链接的默认名称。

2. 设置一个好标题的重要性

<title>元素不仅用来概要表示网页的内容，对于搜索引擎而言，它也是一个非常重要的标签，除非已经知道网站地址或名称。存储于拥有浩瀚资源的 Internet 中的网页，若想要被

用户访问，主要通过搜索引擎的引导。

因此，构建网页时一定要考虑网页对搜索引擎的友好性。在 SEO（Search Engine Optimization，搜索引擎优化）中，<title>元素是能够对网站在搜索引擎中的表现产生很大影响的一个因素。

设置<title>元素的概要原则是，既要考虑到搜索引擎，筛选网页内容中若干重要的关键字并放置于<title>标签中；又要符合用户的阅读习惯，不能盲目追求搜索引擎友好，而使用户看到标题后产生疑惑、歧义等，从而拒绝访问。

3. 语法说明

<title>元素包含在<head>元素中，如下面的代码所示。

【例 2-1】 使用<title>标签设置网页标题。

```
<html>
    <head>
        <title>title 标签设置网页标题</title>
    </head>
    <body>
        请见网页标题栏的设置效果
    </body>
</html>
```

运行后，可以看到网页标题栏内容已被设置为"title 标签设置网页标题"，如图 2-1 所示。

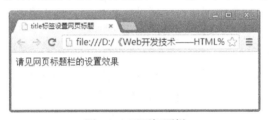

图 2-1　网页标题栏

2.3　元信息标签<meta>

2.3.1　<meta>基本语法及相关属性

1. 功能介绍

<meta>元素中的内容一般不供用户查看，不显示于正文中。其作用是提供有关页面的元信息，包括提供与浏览器或搜索引擎相关的信息等，列举如下。

- 设置关键字和网页说明来帮助主页被各大搜索引擎发现，提高网站的访问量。
- 定义页面语言的编码方式，使浏览器可以通过相应的方式正确解读网页中的语言。
- 自动刷新并跳转到新的页面。
- 通过设置网页到期时间，控制页面缓冲，使浏览器获取新页面。

2. 语法说明

在一个 HTML 页面中，可以有多个<meta>元素。

<meta> 标签包含在<head>元素中，其中的内容定义了与文档相关联的名称/值对，如下面的代码所示。

```
<meta name=参数名  content=参数值  >
<meta http-equiv=参数名  content=参数值  >
```

其中，name 和 http-equiv 属性表示<meta>元素内容中的名称，content 属性表示<meta>元素内容中的值。

3. <meta>中的属性

1）<meta>中的 name 属性主要用于描述网页，以便于搜索引擎查找和分类。

name 属性常用的几个参数有 author、description 及 keywords 等，分别指定 content 属性中参数值内容的类型为作者、网页描述及关键字等。

2）<meta>中的 http-equiv 属性可以向浏览器传回一些有用的信息，以帮助浏览器正确显示网页内容。

http-equiv 属性常用的几个参数有 content-type、expires 及 refresh 等，分别指定 content 属性中参数值内容的类型为字符编码方式、网页有效期及刷新后网页地址等。

2.3.2 标记页面关键字

1. 功能介绍

<meta>标签的一个很重要的功能就是设置关键字，帮助主页被各大搜索引擎登录，提高网站的访问量。首页网站关键词代表了网站主题内容，内页和栏目页的关键词一般紧扣页面主题，代表的是当前页面或者栏目内容的主题。

2. 关键字设置原则

与 2.2 节介绍的<title>元素相同，关键字的设置也对网页在搜索引擎中的表现非常重要。关键字的设置原则为：选择与网站或页面主体相关的文字作为关键字；揣摩用户的搜索习惯，避免将关键词设置为生僻词汇；最好根据不同的页面，制定不同的关键字组合等。

3. 语法说明

使用以下形式来设置关键字，其中将 name 属性值设为 keywords；在 content 属性值中，设置网页关键字的具体内容。

```
<meta name="keywords" content="关键字">
```

例如，开发一个用于上网导航的网页，可以对其关键字进行如下设置。

【例 2-2】 上网导航页面关键字设置。

```
<html>
<head>
<meta name="keywords" content="上网导航,网址大全,网址导航,奇葩上网导航,奇葩网址,奇葩导航,奇葩网址大全">
<title>奇葩导航_上网导航第一站</title>
</head>
<body>
```

```
<h1>网址大全</h1>
<ul>
<li><a href="http://www.baidu.com/index.php?tn=10018801_hao">百  度</a></li>
<li><a href="http://www.sina.com.cn/">新  浪</a></li>
<li><a href="http://www.sohu.com/">搜狐</a> • 
    <a href="http://tv.sohu.com/">视频</a></li>
<li><a href="http://www.qq.com/">腾讯</a> • 
    <a href="http://qzone.qq.com/">空间</a></li>
<li><a href="http://www.163.com/">网  易</a></li>
<li><a href="http://www.iqiyi.com/">爱奇艺高清</a></li>
<li><a href="http://www.ifeng.com/">凤  凰  网</a></li>
<li><a href="http://weibo.com/">新浪微博</a></li>
<li><a href="http://www.taobao.com/">淘  宝  网</a></li>
<li><a href="http://www.renren.com/">人  人  网</a></li>
<li><a href="http://www.4399.com/">4399 游戏</a></li>
<li><a href="http://www.xinhuanet.com/">新华</a> • 
    <a href="http://www.people.com.cn/">人民</a></li>
<li><a href="http://click.union.jd.com/JdClick/?unionId=75">京东商城</a></li>
<li><a  href="http://v.hao123.com/">影视</a> • 
    <a href="http://live.hao123.com/">直播</a></li>
<li><a href="http://ai.taobao.com">爱淘宝特卖</a></li>
<li><a href="http://caipiao.hao123.com/">彩票开奖</a></li>
<li><a href="http://www.autohome.com.cn/">汽车之家</a></li>
<li><a href="http://www.tmall.com/">天  猫</a></li>
</ul>
</body>
</html>
```

网页运行的效果如图 2-2 所示，可以看到关键字的内容在网页中不显示。

图 2-2　标记网页关键字后的网页显示效果

2.3.3 标记页面说明

1. 功能介绍

页面说明是对网页内容的精练概括，这些信息可能会出现在搜索结果中。一个好的页面说明会帮助用户更方便地从搜索结果中判断网页内容是否与需求相符。因此，页面说明需要根据网页的实际情况来设计，尽量避免与网页内容不相关的"描述"。

2. 页面说明设置原则

页面说明的设置原则包括以下几个原则。

- 网页描述为自然语言而不是罗列关键词。
- 尽可能准确地描述网页的核心内容，通常为网页内容的摘要信息，也就是希望搜索引擎在检索结果中展示的摘要信息。
- 网页描述中含有有效关键词。
- 网页描述内容与网页标题、网页主体内容有高度相关性等。

3. 语法说明

使用以下形式来设置页面说明，其中将 name 属性值设为 description；在 content 属性值中，设置网页页面说明的具体内容。

```
<meta name="description" content="页面说明">
```

例如，补充 2.3.2 节上网导航网页的页面说明，将如下代码插入<head>元素中。

【例 2-3】 为上网导航页面添加页面说明。

```
<meta name="description" content="奇葩导航作为您的上网导航第一站，为您提供门户、新闻、影视、音乐、小说、购物、游戏等分类的网址，让您即刻享受精彩的网络生活。">
```

网页运行效果同图 2-2，页面说明在网页上也不显示。

2.3.4 标记页面作者

1. 功能介绍

设置页面作者是为了告诉搜索引擎页面的作者是谁。

2. 语法说明

使用以下形式来设置页面作者，其中将 name 属性值设为 author；在 content 属性值中，设置网页页面作者。

```
<meta name="author" content="作者">
```

例如，补充 2.3.2 节上网导航网页的页面作者，将如下代码插入<head>元素中。

【例 2-4】 为上网导航页面添加作者信息。

```
<meta name="author" content="ZHAO">
```

网页运行效果同图 2-2，页面作者在网页上也不显示。

2.3.5　标记页面解码方式

1. 功能介绍

标记页面解码方式是<meta>元素较为常用的功能，作用是设定页面使用的字符集。当浏览者访问网页时，会根据此设定调用相应的字符集来显示网页内容。

2. 语法说明

使用以下形式来设置页面解码方式，其中将 http-equiv 属性值设为 Content-Type；在 content 属性值中，设置网页页面解码方式。

```
<meta name=" Content-Type " content="解码方式">
```

例如，补充 2.3.2 节上网导航网页的页面解码方式，将如下代码插入<head>元素中。

【例 2-5】　为上网导航页面添加解码方式。

```
<meta http-equiv="Content-Type" content="text/html; charset=UTF-8">
```

该<meta>标签定义了当前文档类型为 text/html，页面所使用的字符集为 UTF-8。其中，文档类型还可以为 text/xml、image/gif 等，字符集还可以为 gb2312、ISO-8859-1 等。

网页运行效果同图 2-2，页面解码方式在网页上也不显示。

2.3.6　设置页面自动跳转

1. 功能介绍

页面自动跳转是指可在指定的时间内跳转到指定的网页。

2. 语法说明

使用以下形式来设置页面自动跳转，其中将 http-equiv 属性值设为 refresh；在 content 属性值中，可以设置网页自动跳转的时间。

```
<meta http-equiv="refresh" content="5">
```

上述代码中，实现了 5 秒（s）后自动刷新网页。如果要自动跳转到其他网页，可进行如下设置。

【例 2-6】　为上网导航页面添加自动跳转。

```
<meta http-equiv="refresh" content="5;url=www.baidu.com">
```

上述代码的功能为 5 秒后自动跳转到百度页面，加入到导航页面中，运行效果如图 2-3 和图 2-4 所示。

图 2-3　网页运行之初

图 2-4　打开网页 5 秒后

2.4　主体标签 <body>

2.4.1　背景色属性 bgcolor

1. 功能介绍

通过 <body> 元素中的 bgcolor 属性来设定网页的背景颜色。

2. 语法说明

其语法格式如下。

```
<body bgcolor="value">
```

3. 颜色的设置方法

颜色的属性值有三种设置方法。

- 颜色名称。规定颜色值为颜色名称的颜色，如 bgcolor="orange"。
- 十六进制。规定颜色值为 6 位十六进制值的颜色，如 bgcolor="#CCFFCC"。
- rgb 值，如 bgcolor="rgb(255,0,0)"。

其中，十六进制、rgb 值方法分别是十六进制和十进制颜色设置的不同表现方式。

颜色的设置，遵照了三原色的成色原理：RGB 色彩模式。其中，R 代表红色，G 代表绿色，B 代表蓝色，3 种色彩叠加形成了其他的色彩。由于使用红、绿、蓝相叠加产生了其他颜色，因此该模式也称加色模式。显示器、投影设备及电视机等许多设备都是依赖于这种加色模式实现的。设置颜色时，可以使用一个 6 位十六进制数来对不同颜色进行表示，如 #FF00FF 等。这 6 位分别由红色、绿色和蓝色的值组成，每种颜色的最小值是 #00，最大值是 #FF。通过计算，从 #00 到 #FF 的红色、绿色和蓝色的值，一共可以组合出 1600 多万种不同的颜色。

下面的【例 2-7】，使用十六进制的方法对网页背景颜色进行设置。图 2-5 所示为网页运行后的效果。

【例 2-7】 网页背景颜色设置。

```
<html>
<head>
<title>网页背景颜色设置</title>
</head>
<body bgcolor="#E6E6FA">
<h1>网页背景颜色设置效果</h1>
</body>
</html>
```

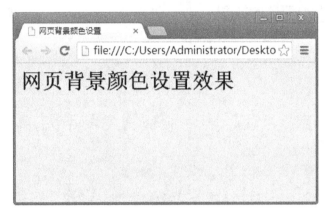

图 2-5　网页背景颜色设置效果

2.4.2　背景图片属性 background

1. 功能介绍

通过<body>元素中的 background 属性来设定网页的背景图片。

2. 语法说明

其语法格式如下。

```
<body background="URL">
```

background 属性的取值为 URL（Uniform Resource Locator）地址，是对可以从互联网上得到的资源的位置和访问方法的一种简洁表示，是互联网上标准资源的地址。互联网上的每个文件都有一个唯一的 URL。因此，可以通过 background 属性值指定的 URL 地址，找到将被设置为网页背景的图片。

下面的【例 2-8】中，background 属性值被设定为一个相对 URL 地址值。图 2-6 所示为网页运行后的效果。URL 的相对路径与绝对路径的概念将在第 4 章中进行介绍，这里不再详述。

【例 2-8】 网页背景图片设置。

```
<html>
<head>
<title>设置背景图片</title>
</head>
<body background="res/bgimage.jpg">
<h1>设置背景图片效果</h1>
</body>
</html>
```

图 2-6　背景图片设置效果

2.4.3　背景图片水印效果属性 bgproperties

1. 功能介绍

bgproperties 是控制<body>元素背景的一个属性，当属性值为 fixed 时，它将把背景图片冻结在浏览窗口，背景图不会随着其他窗口内容而滚动，即形成水印效果。需要注意的是，这个属性必须跟 background 属性扩展一起使用才有效。

2. 语法说明

其语法格式如下。

```
<body background="res/bgimage1.jpg" bgproperties="fixed">
```

bgproperties 属性值可为 fixed 或空字符串。如果为 fixed，那么背景图片就会作为水印不随网页其他内容的滚动而移动；如果为空字符串，背景图片就会随着网页其他内容的滚动而移动。其中，空字符串为该属性的默认值，即如果不设置该属性时，默认该属性的值为空字符串。

下面给出【例 2-9】运行后的效果如图 2-7 所示。滚动鼠标滑轮时，可以看到网页上的文字也随之滚动，背景图片并不会滚动；同样，可以将 bgproporties 的值设为空字符串，或直接删除 bgproperties 的赋值语句，对比效果。

【例2-9】 网页背景图片设置水印效果。

```
<html>
<head>
<title> 设置背景图片水印效果 </title>
</head>
<body background="res/bgimage1.jpg" bgproporties="fixed">
<h1>设置背景图片水印效果</h1>
…
</body>
</html>
```

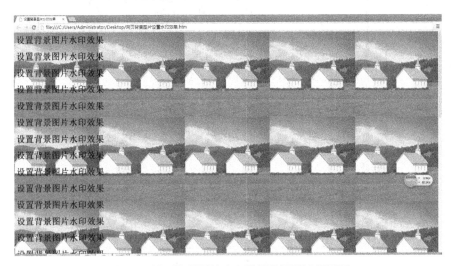

图 2-7　设置背景图片水印效果的网页运行界面

2.4.4　文本颜色属性 text

1. 功能介绍

通过<body>元素中的 text 属性来设定网页文档的文本颜色。

2. 语法说明

其语法格式如下。

```
<body text="value">
```

颜色的属性值同 2.4.1 节的设置方法。在下面的【例 2-10】中，使用颜色名称对网页背景进行设置。图 2-8 所示为网页运行后的效果，这里网页中的文字被设置为绿色。

【例2-10】 网页文本颜色设置。

```
<html>
<head>
```

```
<title> 网页文本颜色设置 </title>
</head>
<body text="green">
<h1>网页文本颜色设置效果</h1>
<h1>网页文本颜色设置效果</h1>
<h1>网页文本颜色设置效果</h1>
<h1>网页文本颜色设置效果</h1>
<h1>网页文本颜色设置效果</h1>
<h1>网页文本颜色设置效果</h1>
</body>
</html>
```

图 2-8　设置网页文本颜色

2.4.5　边距属性 margin

1. 功能介绍

通过<body>元素中的 topmargin、leftmargin、rightmargin 和 bottommargin 属性设置页面边距，调整页面显示内容与浏览器边框的距离，使内容显示更加美观。

2. 语法说明

其语法格式如下。

```
<body topmargin="value" leftmargin="value" rightmargin="value" bottommargin="value">
```

通过设置 topmargin/leftmargin/rightmargin/bottommargin 不同的属性值来设置显示内容与浏览器的距离。

- topmargin：设置到页面顶端的距离。
- leftmargin：设置到页面左边的距离。
- rightmargin：设置到页面右边的距离。

- bottommargin：设置到页面底边的距离。

3. 距离单位介绍

有下列两种常用的距离单位。

- 百分比：定义了相对的距离，即基于父对象总高度或总宽度的百分比的距离。
- 长度值：定义了绝对的距离，即一个固定的距离，单位可以为 px（像素）或 pt（磅）等。

如【例 2-11】所示，将页面上边距设置为页面正文高度的 10%。

【**例 2-11**】 网页边距设置。

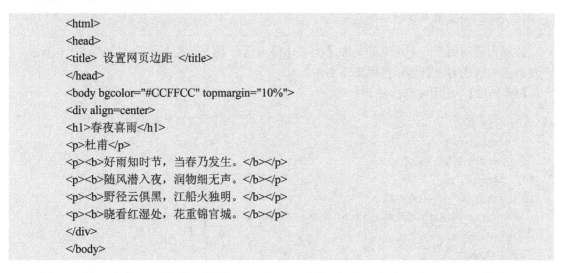

```
<html>
<head>
<title> 设置网页边距 </title>
</head>
<body bgcolor="#CCFFCC" topmargin="10%">
<div align=center>
<h1>春夜喜雨</h1>
<p>杜甫</p>
<p><b>好雨知时节，当春乃发生。</b></p>
<p><b>随风潜入夜，润物细无声。</b></p>
<p><b>野径云俱黑，江船火独明。</b></p>
<p><b>晓看红湿处，花重锦官城。</b></p>
</div>
</body>
```

图 2-9 所示为未设置上边距的效果，图 2-10 所示为设置上边距为页面正文高度 10%的效果。【例 2-11】中，由于使用相对距离设置页面上边距，因此，页面上边距将随着网页正文的高度而改变。

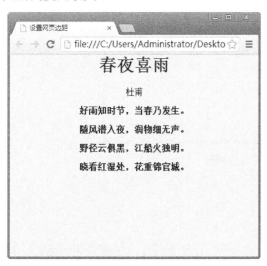

图 2-9　未设置上边距效果

图 2-10　设置上边距后的效果

2.5　注释标签

1. 功能介绍

注释标签用于在 HTML 文档中插入注释，对代码进行解释和说明。

2. 语法说明

其语法格式如下。

```
<!—      注释内容      —>
```

注释内容对用户是不可见的，如【例 2-12】所示，网页运行后的效果如图 2-11 所示，注释标签中的内容没有显示在网页正文中。

【**例 2-12**】　使用注释标签。

```
<html>
<head>
<title>使用注释标签</title>
</head>
<body>
<h1>使用注释标签效果</h1><!—此为一级标题—>
</body>
</html>
```

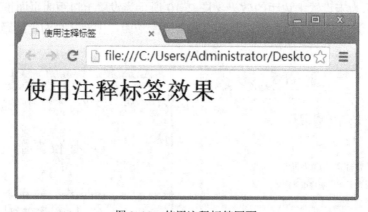

图 2-11　使用注释标签网页

2.6　实验与练习

根据本章所学知识，实现如图 2-12 和图 2-13 所示的两个网页，注意页面的标题、页面背景、页面背景色、正文文字颜色及正文文字所在的位置等，并实现由第一张网页显示 3 秒后自动跳转到第二张网页的效果。

图 2-12　第一张网页的效果

图 2-13　第二张网页的效果

第3章 HTML 文本格式标签

文字不仅是网页信息传达的一种常用方式，也是视觉传达最直接的方式。文字可以通过不同的排版方式、不同的设计风格排列在网页上，从而突出主题内容、彰显个性品质等。本章通过对文字标签、标题标签、文本格式标签、段落控制标签及列表标签的介绍，帮助读者掌握如何在网页中根据需要设置不同的文本显示效果。

3.1 文字标签\<font\>

3.1.1 文字字体属性 face

文字标签\<font\>规定了网页中文本的字体、字号和颜色。

其中，使用 face 属性来设定网页中的字体。face 属性的取值可以是"宋体""黑体"、Helvetica、Times New Roman 及 verdana 等字体。如下面的代码所示，使用 face 属性将 HTML 文本内容设置成不同的字体。

【例 3-1】 使用 face 属性设置不同字体。

```
<p><font face="宋体">这是"宋体"字体。</font></p>
<p><font face="黑体">这是"黑体"字体。</font></p>
<p><font face="Helvetica">这是"Helvetica"字体。</font></p>
<p><font face="Times New Roman">这是"Times New Roman"字体。</font></p>
<p><font face="verdana">这是"verdana"字体。</font></p>
```

运行效果如图 3-1 所示。

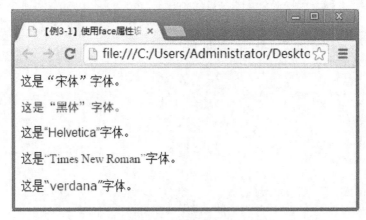

图 3-1 不同字体的效果

3.1.2　文字颜色属性 color

使用<font>标签的 color 属性，可以设置文本的颜色。可以根据 2.4.1 节说明的三种颜色设置方法，对 color 属性进行设置。表 3-1 列举了若干颜色名称与十六进制数的对应关系。

表 3-1　颜色名称与十六进制数的对应关系

颜 色 名 称	对应的十六进制数
aqua	#00FFFF
black	#000000
blue	#0000FF
fuchsia	#FF00FF
Gray	#808080
green	#008000
lime	#00FF00
maroon	#800000
navy	#000080
olive	#808000
purple	#800080
red	#FF0000
silver	#C0C0C0
teal	#008080
white	#FFFFFF
yellow	#FFFF00

下面的【例 3-2】为使用 color 属性来设置网页文本颜色的示例。

【例 3-2】　使用 color 属性来设置颜色。

```
<p><font color="#FF0000">这是使用十六进制数"#FF0000"设置的红色文本。</font></p>
<p><font color="red">这是使用颜色名称"red"设置的红色文本。</font></p>
<p><font color="#00FF00">这是使用十六进制数"#00FF00"设置的绿色文本。</font></p>
<p><font color="lime">这是使用颜色名称"lime"设置的绿色文本。</font></p>
<p><font color="#008000">这是使用十六进制数"#008000"设置的绿色文本。</font></p>
<p><font color="green">这是使用颜色名称"green"设置的绿色文本。</font></p>
<p><font color="#0000FF">这是使用十六进制数"#0000FF"设置的蓝色文本。</font></p>
<p><font color="blue">这是使用颜色名称"blue"设置的蓝色文本。</font></p>
```

图 3-2 所示为运行效果。要注意 lime 和 green，以及其各自对应的十六进制数值的区别。

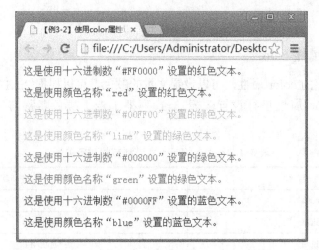

图 3-2　使用 color 属性设置不同的文本颜色

3.1.3　文字大小属性 size

使用 size 属性，可以设置文字的尺寸大小。其取值范围为 1～7 的整数。浏览器默认 size 属性的值是 3。下面的【例 3-3】为使用 size 对文字尺寸大小进行设置的示例。

【例 3-3】　使用 size 属性来设置文字尺寸大小。

```
<p><font>文字大小为浏览器默认值，即"size"属性为3，文字的大小。</font></p>
<p><font size="1">"size"属性为 1 时，文字的大小。</font></p>
<p><font size="2">"size"属性为 2 时，文字的大小。</font></p>
<p><font size="3">"size"属性为 3 时，文字的大小。</font></p>
<p><font size="4">"size"属性为 4 时，文字的大小。</font></p>
<p><font size="5">"size"属性为 5 时，文字的大小。</font></p>
<p><font size="6">"size"属性为 6 时，文字的大小。</font></p>
<p><font size="7">"size"属性为 7 时，文字的大小。</font></p>
```

运行效果如图 3-3 所示。

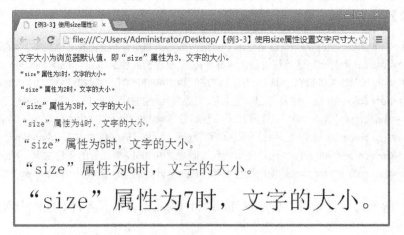

图 3-3　通过 size 属性设置文字尺寸大小

3.2 标题标签<h1>～<h6>

1. 功能介绍

使用<h1>～<h6>标题标签可定义标题。通过标题标签，可以对网页的内容进行着重强调，便于搜索引擎获取。以标签<h1>、<h2>…<h6>的顺序依次显示重要性的递减。一般来说，<h1>用来修饰网页的主标题，<h2>表示一个段落的标题，<h3>表示段落的小节标题。

2. 如何设置标题标签

标题<h1>～<h6>标签是采用关键词的重要地方，应该包括文本中最重要的关键词，以提高对搜索引擎的友好性。在网站的 SEO 中，<h1>标签的作用仅次于<title>标签。优化设置包括<h1>、<h2>和<h3>标题标签，对网站进行 SEO，会有事半功倍的效果。

在对标题标签进行设置的过程中，要遵守以下几个原则。

- 使用关键词时，不要让题头失去可读性，要考虑读者的感受。
- <h1>代表最重要的，<h6>代表相对最不重要的，因此应根据重要性适当安排关键词。如<h1>中使用的关键词往往是在网页标题中使用的。
- 标题标签需要出现在<body></body>标签对之间。其中，<h1>尽量靠近在 HTML 中的<body>标签，不得出现在<h2>…<h6>之后，以便让搜索引擎最快地领略主题。
- 每个网页最好只设置一个<h1>标签，一般应包含网页的关键字。多个<h1>标签将造成搜索引擎不知道页面的哪个标题内容最重要，会淡化页面的标题和关键词的重要性。
- 由于标题标签对搜索引擎的重要作用，所以不要试图利用标题标签来改变字体的外观样式，而应选择其他方式。

3. 标题对齐属性 align

使用 align 属性规定标题中文本的排列方式。其取值包括 left（居左）、center（居中）、right（居右）和 justify（两端对齐）。

4. 语法说明

将需要着重强调的标题内容放置于标题标签对内即可，并通过 align 属性对标题的排列方式进行设置，如下面的代码所示。

【例 3-4】 使用标题标签来设置各级标题。

```
<h1 align="center">这是 h1 级标题的内容，居中显示。</h1>
<h2 align="left">这是 h2 级标题的内容，居左显示。</h2>
<h3 align="right">这是 h3 级标题的内容，居右显示。</h3>
<h4>这是 h4 级标题的内容。</h4>
<h5>这是 h5 级标题的内容。</h5>
<h6>这是 h6 级标题的内容。</h6>
<p>这是一般网页内容。</p>
```

运行效果如图 3-4 所示。

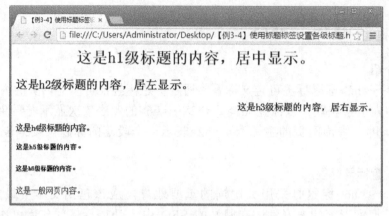

图 3-4　使用标题标签来设置各级标题

3.3　一些文本特殊格式标签

1. 粗体标签<b>、<strong>

<b>标签的作用是呈现粗体效果。但这种粗体效果仅是外观上的。

<strong>元素中的内容在外观上也会呈现与<b>元素中内容一样的粗体效果。但<strong>还有强调的意思。正确使用<strong>标签，对于搜索引擎而言更友好，能让它知道内容的重点。

2. 斜体标签<i>、<em>

<i>标签的作用是显示斜体文本效果。但这种斜体效果仅是外观上的，它告诉浏览器将包含其中的文本以斜体字（italic）或者倾斜（oblique）字体显示。

<em>元素中的内容在外观上也会呈现与<i>元素中内容一样的斜体效果。但<em>标签告诉浏览器把其中的文本表示为强调的内容。<em>与<strong>标签相比，<strong>标签强调的程度更强一些。

3. 上、下标标签<sup>、<sub>

<sup>标签可定义上标文本，<sub>标签可定义下标文本。包含在<sup>元素或<sub>元素中的内容，将会以当前文本流中字符高度的一半来显示，但是与当前文本流中文字的字体和字号都是一样的。

4. 下划线标签<u>

<u>标签可定义下划线文本。但应注意尽量避免为文本加下划线，因为用户可能会把它混淆为一个超链接。

5. 地址文字标签<address>

<address>可定义一个地址。包含于<address>元素中的内容，通常被呈现为斜体。大多数浏览器会在<address>元素的前后添加一个换行符。

应当为每个文档都附加一个地址，这样做可为读者提供反馈的渠道，还可以增加文档的可信度。大多数文档应该把作者的地址包含在某个便于读者阅读的地方，通常是放在末尾。地址内容既可以是作者或网管的主页链接或电子邮件地址等，也可以是街道地址或电话

号码等。

6. 插入特殊符号

在 HTML 中，某些字符是预留的。例如，在 HTML 中不能使用小于号（<）和大于号（>），这是因为浏览器会误认为它们是标签；另外，浏览器对代码的解析方式决定了会忽略 HTML 文本中"多余的"空格，在显示时浏览器仅显示一个空格。因此，如果希望正确地显示这些符号，必须在 HTML 源代码中使用"字符实体"。

字符实体的语法格式如下。

```
&entity_name;
或者
&#entity_number;
```

字符实体由 3 部分组成，包括和号（&）、一个实体名称（或者#和一个实体编号），以及一个分号（;）。

使用实体名称而不是实体编号的好处是，相对来说更容易记忆。而这样做的坏处是，并不是所有的浏览器都支持最新的实体名称，然而几乎所有的浏览器对实体编号的支持都很好。表 3-2 所示为一些常用符号对应的实体名称及实体编号。

表 3-2　一些常用符号对应的实体名称及实体编号

显 示 结 果	描　　述	实 体 名 称	实 体 编 号
	空格		
<	小于号	&lt;	&#60;
>	大于号	&gt;	&#62;
&	和号	&amp;	&#38;
©	版权	&copy;	&#169;
®	注册商标	&reg;	&#174;
×	乘号	&times;	&#215;
÷	除号	&divide;	&#247;

【例 3-5】所示为粗体标签、斜体标签、上下标标签、下划线标签、地址标签及特殊符号的综合示例。

【例 3-5】　粗体标签、斜体标签、上下标标签、下划线标签、地址标签及特殊符号示例。

```
<p><b>粗体标签&lt;b&gt;</b></p>
<p><strong>含有强调意义的粗体标签&lt;strong&gt;</strong></p>
<p><i>斜体标签&lt;i&gt;</i></p>
<p><em>含有强调意义的斜体标签&lt;em&gt;</em></p>
<p>后面是上标<sup>上标标签&lt;sup&gt;</sup></p>
<p>后面是下标<sub>下标标签&lt;sub&gt;</sub></p>
<p><u>下划线标签&lt;u&gt;</u></p>
<p><address>地址文字标签&lt;address&gt;</address></p>
<p>引号内仅有 1 个空格："　　　　　" </p>
```

```
    <p>引号内有 10 个空格："          "
</p>
    <p>小于号：&lt;</p>
    <p>大于号：&gt;</p>
    <p>小于号和大于号的特殊符号组合起来使用：&lt;html&gt;</p>
    <p>不使用小于号和大于号的特殊符号显示效果：<html></p>
    <p>和号：&amp;</p>
    <p>版权：&copy;</p>
    <p>注册商标：&reg;</p>
    <p>乘号：&times;</p>
    <p>除号：&divide;</p>
```

运行效果如图 3-5 所示。

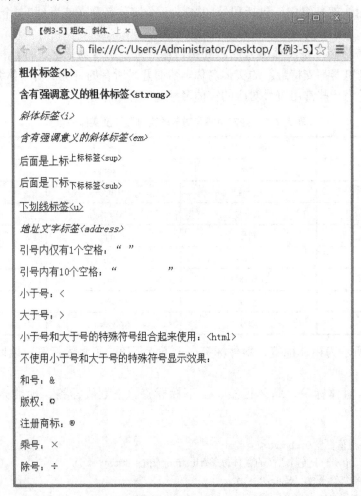

图 3-5　粗体标签、斜体标签、上下标标签、下划线标签、地址标签及特殊符号示例效果

7. 预格式化

<pre>元素可定义预格式化的文本，被包围在<pre>元素中的文本通常会保留空格和换行符，而文本也会呈现为等宽字体。【例 3-6】所示为使用<pre>元素与不使用<pre>元素的效

果比较。

【例 3-6】 是否使用<pre>标签的效果比较。

```
                春 夜 喜 雨
                  唐 杜甫

            好雨知时节，当春乃发生。
            随风潜入夜，润物细无声。
            野径云俱黑，江船火独明。
            晓看红湿处，花重锦官城。
<pre>
                春 夜 喜 雨
                  唐 杜甫

            好雨知时节，当春乃发生。
            随风潜入夜，润物细无声。
            野径云俱黑，江船火独明。
            晓看红湿处，花重锦官城。
</pre>
```

运行效果如图 3-6 所示。

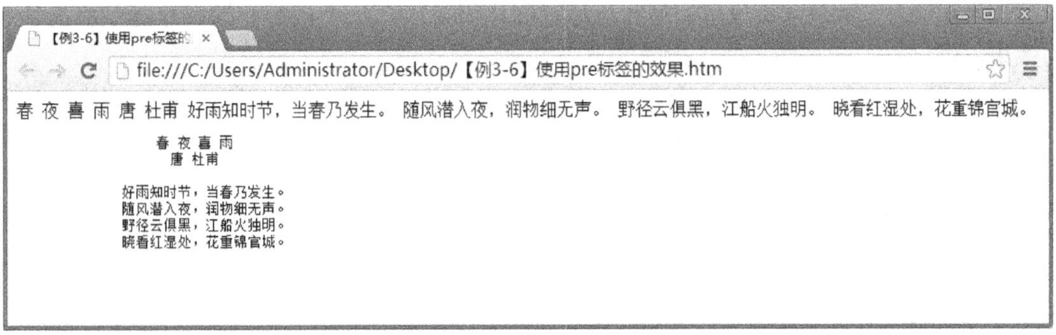

图 3-6　使用<pre>标签的效果

<pre>标签的一个常见应用就是可以用来表示程序源代码，如下面的代码所示。

【例 3-7】 使用<pre>标签表示程序源代码。

```
<pre>
  &lt;html&gt;
    &lt;head&gt;
      &lt;title&gt;使用&lt;pre&gt;标签对源代码进行显示&lt;/title&gt;
    &lt;/head&gt;
    &lt;body&gt;
    使用 pre 标签及特殊符号对源代码进行显示
    &lt;/body&gt;
  &lt;/html&gt;
</pre>
```

运行效果如图 3-7 所示。

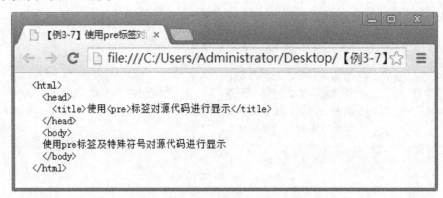

图 3-7　使用<pre>标签表示程序源代码

3.4　段落控制标签

3.4.1　段落标签<p>、

<p>标签的作用是定义段落；
标签的作用是插入一个换行。这两个标签都有换行的效果，但仍有一些不同之处，列举如下。

● 使用<p>标签后，浏览器会自动在段落的前后添加空行。
●
元素是一个空的 HTML 元素，且没有结束标签。而<p>标签是成对使用的，包含了开始标签和结束标签。
● 在未对<p>元素设置 CSS 样式时，一个<p>标签的换行效果等于使用两个
标签的换行效果。
● 重复的空<p>元素只换一次行。

现在通过【例 3-8】来比较上述两个标签的不同。

【例 3-8】　段落标签<p>、
。

```
在 p 标签之前的文字。
<p>使用 p 标签的换行效果。</p>
在 p 标签之后的文字。
<br />
在 br 标签之前的文字。<br />
在 br 标签之后的文字。
<br />
使用 5 个重复的空 p 元素的效果：<p></p><p></p><p></p><p></p><p></p>
使用 5 个重复的 br 元素的效果：<br /><br /><br /><br /><br />
5 个 br 元素后文字显示位置。
```

运行效果如图 3-8 所示。

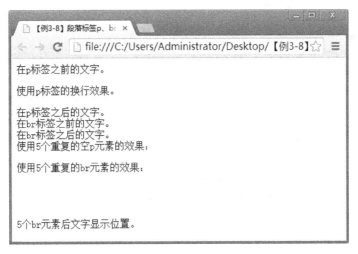

图 3-8　\<p>标签和\<br /\>标签的效果对比

3.4.2　段落缩进标签\<blockquote>

\<blockquote>元素的作用是插入换行和外边距，如【例 3-9】所示。

【例 3-9】　段落缩进标签\<blockquote>。

> 未使用 blockquote 标签的文字。
> 在 blockquote 标签之前的文字。
> \<blockquote>使用 blockquote 标签的效果。\</blockquote>
> 在 blockquote 标签之后的文字。
> 未使用 blockquote 标签的文字。

运行效果如图 3-9 所示。

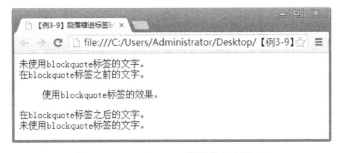

图 3-9　\<blockquote>标签的运行效果

3.5　列表标签

3.5.1　有序列表标签\<ol>

使用\<ol>标签，可以定义有序列表。其中，使用\<li>标签来定义各列表项的值。语法格式如下。

```
<ol>
    <li>value</li>
    <li>value</li>
    <li>value</li>
        …
</ol>
```

另外，通过<ol>标签中的 type 属性，可以设定有序列表的项目符号的类型。type 属性的取值如下。

- 1：默认值，项目符号为阿拉伯数字。
- a：项目符号为小写英文字母。
- A：项目符号为大写英文字母。
- i：项目符号为小写罗马数字。
- I：项目符号为大写罗马数字。

【例 3-10】所示为有序列表的一些示例。

【例 3-10】 有序列表标签<ol>示例。

```
基本有序列表，项目符号默认为数字：
<ol>
    <li>列表项 1</li>
    <li>列表项 2</li>
    <li>列表项 3</li>
    <li>列表项 4</li>
    <li>列表项 5</li>
</ol>
使用 type 属性，改变列表项目符号：
<br />
小写英文字母：
<ol type="a">
    <li>列表项 1</li>
    <li>列表项 2</li>
    <li>列表项 3</li>
    <li>列表项 4</li>
    <li>列表项 5</li>
</ol>
大写罗马数字：
<ol type="I">
    <li>列表项 1</li>
    <li>列表项 2</li>
    <li>列表项 3</li>
    <li>列表项 4</li>
    <li>列表项 5</li>
</ol>
```

网页运行效果如图 3-10 所示。

图 3-10　有序列表标签<ol>示例

3.5.2　无序列表标签<ul>

使用<ul>标签，可以定义无序列表。与有序列表相似，使用<li>标签来定义各列表项的值；通过<ul>标签中的 type 属性，设定无序列表的项目符号的类型。

type 属性的取值如下。

● disc：默认值，实心圆。

● circle：空心圆。

● square：实心方块。

【例 3-11】所示为无序列表的一些示例：

【**例 3-11**】　无序列表标签<ul>示例。

```
基本无序列表，项目符号默认为实心圆：
<ul>
  <li>列表项 1</li>
  <li>列表项 2</li>
  <li>列表项 3</li>
  <li>列表项 4</li>
  <li>列表项 5</li>
</ul>
使用 type 属性，改变列表项目符号：
<br />
空心圆：
<ul type="circle">
  <li>列表项 1</li>
  <li>列表项 2</li>
  <li>列表项 3</li>
```

```
        <li>列表项 4</li>
        <li>列表项 5</li>
    </ul>
    实心方块：
    <ul type="square">
        <li>列表项 1</li>
        <li>列表项 2</li>
        <li>列表项 3</li>
        <li>列表项 4</li>
        <li>列表项 5</li>
    </ul>
```

网页运行效果如图 3-11 所示。

图 3-11　无序列表标签<ul>示例

3.5.3　定义列表标签<dl>

使用<dl>标签，可以定义定义列表。其中，使用<dt>标签规定要定义的项目，使用<dd>标签对此项目进行解释。【例 3-12】所示为定义列表 dl 的示例。

【例 3-12】　定义列表标签<dl>示例。

```
    <dl>
        <dt>项目 1</dt>
        <dd>项目 1 的解释说明</dd>
        <dt>项目 2</dt>
        <dd>项目 2 的解释说明</dd>
        <dt>项目 3</dt>
        <dd>项目 3 的解释说明</dd>
    </dl>
```

运行效果如图 3-12 所示。

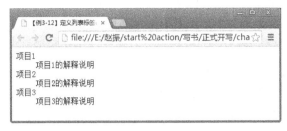

图 3-12　定义列表标签<dl>示例

3.6　水平线标签<hr />

<hr /> 标签可以在 HTML 页面中创建一条水平线，可以在视觉上将文档分隔成若干部分。<hr />标签没有结束标签。

可以通过<hr>元素中的 size 属性来设置水平线高度；通过<hr>元素中的 width 属性来设置水平线宽度；通过<hr>元素中的 align 属性来设置水平线排列方式；通过<hr>元素中的 color 属性来设置水平线的颜色。

【例 3-13】所示为使用<hr />标签的示例。

【例 3-13】　水平线标签<hr />示例。

```
这是位于水平线之上的部分：
<hr />
水平线的高度由 size 属性设置为 5；水平线的宽度由 width 属性设置为 500；
<hr size="5" width="500" align="right" color="silver"/>
这是位于水平线之下的部分：
<hr />
水平线的排列方式由 align 属性设置为右对齐；水平线的颜色由 color 属性设置为银色。
```

运行效果如图 3-13 所示。

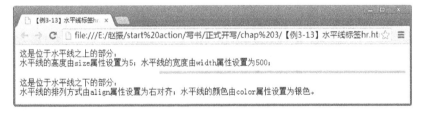

图 3-13　水平线标签<hr />示例

3.7　实验与练习

将以下文字材料进行整理，并利用所学知识设计 HTML 网页，显示出如图 3-14 所示的效果。

沁园春•雪

朝代：现代

作者：毛泽东

原文：

北国风光，千里冰封，万里雪飘。

望长城内外，惟余莽莽；大河上下，顿失滔滔。

山舞银蛇，原驰蜡象，欲与天公试比高。

须晴日，看红装素裹，分外妖娆。

江山如此多娇，引无数英雄竞折腰。

惜秦皇汉武，略输文采；唐宗宋祖，稍逊风骚。

一代天骄，成吉思汗，只识弯弓射大雕。

俱往矣，数风流人物，还看今朝。

译文：

北方的风光，千万里冰封冻，千万里雪花飘。望长城内外，只剩下无边无际白茫茫一片；宽广的黄河上下，顿时失去了滔滔水势。山岭好像银白色的蟒蛇在飞舞，高原上的丘陵好像许多白象在奔跑，它们都想试一试与老天爷比比高。要等到晴天的时候，看红艳艳的阳光和白皑皑的冰雪交相辉映，分外美好。

江山如此媚娇，引得无数英雄竞相倾倒。只可惜秦始皇、汉武帝，略差文学才华；唐太宗、宋太祖，稍逊文治功劳。称雄一世的人物成吉思汗，只知道拉弓射大雕。这些人物全都过去了，数一数能建功立业的英雄人物，还要看今天的人们。

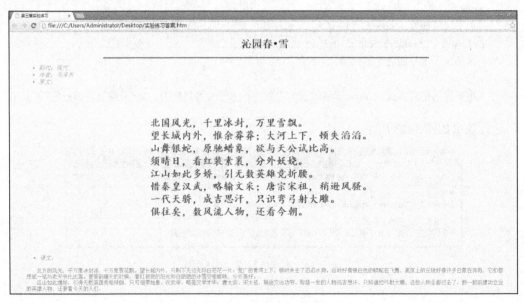

图 3-14 网页显示效果

第 4 章　超链接标签

超链接是一种允许同其他网页或站点之间进行链接的元素，通过超链接可以感受丰富多彩的多媒体世界。各个网页链接在一起后，才能真正构成一个网站；网站与网站链接在一起后，才能有互联网的存在。本章围绕绝对路径、相对路径、超链接元素的属性、语法格式，以及超链接对 SEO 的作用等内容进行讲解，使读者不仅能够使用超链接，还能够有意识地对网站内的超链接进行优化设置。

4.1　绝对路径与相对路径

4.1.1　绝对路径

绝对路径是指文件的完整路径，不以任何文件的路径作为参照路径。当任何文件引用同一个文件时，所使用的路径都是一样的。绝对路径不管源文件在什么位置，都可以非常精确地找到，除非是目标文件的位置发生改变，否则链接不会失效。

对超链接使用绝对路径的优点是，绝对路径同链接的源端点无关。只要目标文件的位置不变，无论源端点文件在站点中如何移动，都可以正常实现跳转而不发生错误。如果希望链接其他站点上的内容，就必须使用绝对路径。

采用绝对路径的链接，有以下几个缺点。

- 不利于测试。如果在站点中使用了绝对地址，要想测试链接是否有效，必须连接到 Internet 上才能对链接进行测试。否则，使用替代地址进行测试的话，在系统上线前，需要全部调整这些地址。
- 不利于站点的移植。例如，一个较为重要的站点，通常会在几个地址上创建镜像。要将被引用文件在这些站点之间移植，必须对站点中的每个使用绝对路径的链接都进行修改，这些操作很烦琐，也容易出错。

4.1.2　相对路径

1. 相对路径的定义及优点

因为绝对路径有上述缺陷，对于目标文件在本站点中的链接来说，使用相对路径是一个很好的方法。相对路径可以表述源端点同目标端点之间的相互位置，它同源端点的位置密切相关。因此，当保存于不同目录的文件引用同一个文件时，所使用的路径将不相同。

使用相对目录的好处在于，如果源端点不变，那么链接就不会出错。用户就可以将整个网站移植到另一个地址的网站中，而不需要修改文档中的链接路径。同样，在测试方面，也相较于绝对路径更方便。

2. 相对路径的使用方法

可按以下原则，使用相对路径来定位引用文件。

● 如果在链接中源端点和目标端点位于同一个目录下，则链接路径中只需指明目标端点的文件名称即可。

● 如果在链接中源端点和目标端点不在同一个目录中，就需要将目录的相对关系也表示出来。

● 如果链接指向的文件位于当前目录的子级目录中，可以直接输入目录名称和文件名称。

● 如果链接指向的文件没有位于当前目录的子级目录中，则可以利用"`..`"符号来表示当前位置的父级目录，利用多个"`..`"符号可以表示更高的父级目录，从而构建出目录的相对位置。

以下为建立路径所使用的几个特殊符号及其所代表的意义。

● "./"——当前目录。

● "../"——代表上一层目录。

● "/"——根目录。

下面通过一个例子来了解相对路径的使用方法。

根目录下有 Site1 文件夹和 Image/Image.jpg 文件，Site1 文件夹下有 Page1.html 文件和 Site2 文件夹，Site2 文件夹下有 Page2.html 和 Page2Image.jpg 图片文件。

1）文件在当前目录情况下，相对路径的使用。

　　Page2.html 访问 Page2Image.jpg。

```
<img src="./Page2Image.jpg">或者<img src="Page2Image. jpg">
```

2）文件在上一层目录情况下，相对路径的使用。

　　Page1.html 访问 Image 下的 Image.jpg。

```
<img src="../Image/Image.jpg">
```

　　Page2.html 访问 Image 下的 Image.jpg。

```
<img src="../../Image/Image.jpg">
```

3）文件在下一层目录情况下，相对路径的使用。

　　Page1.html 访问 Site2 文件夹下的 Page2Image.jpg。

```
<img src=" ./Site2/Image.jpg"><img src=" Site2/Image.jpg">
```

4）使用根目录表示法。

任何页面访问 Image 下的 Image.jpg。

```
<img src="/Image/Image.jpg">
```

3. 根路径

在相对路径的使用方法中，需要说明的是，根路径总是开始于当前站点的根目录。站点上所有看到的文件都包含在根目录中，这就告诉服务器链接是从根目录开始的。根路径通常应用于链接那些站点根目录需要经常移动的链接。使用根路径时，即使站点移动到另一个服务器，也不影响正常链接工作。

根路径同绝对路径非常相似，只是它省去了绝对路径中带有协议的地址部分。它既有绝对路径的源端点位置无关性，同时又解决了绝对路径测试中的麻烦。因为在测试基于根目录的链接时，可以在本地站点中进行测试，而不用链接 Internet。

4.2 超链接标签<a>

4.2.1 href 属性

使用锚标签<a>定义超链接。其中的 href 属性用于指定超链接目标的 URL。href 属性的值可以是任何有效文档的相对或绝对 URL 地址。语法格式如下。

```
<a href="URL">链接资源名称</a>
```

如果用户点击了<a>标签中的内容，那么浏览器会尝试检索并显示 href 属性指定的 URL 所指向的资源，如【例 4-1】所示。

【例 4-1】 一个简单的超链接示例。

```
<a href="http://www.baidu.com">百度链接</a>
```

图 4-1a 所示为上述代码的运行效果。点击"百度链接"后，在当前浏览器窗口中刷新显示如图 4-1b 所示的 href 属性所指向的百度页面。

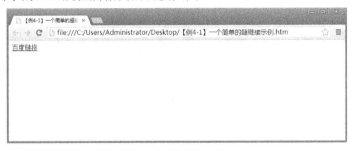

a)

b)

图 4-1 超链接示例

a) 代码运行效果 b) 百度页面

4.2.2　name 属性

使用超链接<a>标签中的 name 属性，可以设定锚。锚相当于创建 HTML 页面中的"书签"。这些"书签"不会以任何特殊方式显示，它对读者是不可见的。但通过点击跳至该"书签"的链接，使得浏览者无需通过不停地滚动鼠标来寻找感兴趣的信息，而是直接定位于该"书签"所在的位置。语法格式如下。

```
<a name="label">锚（显示在页面上的文本）</a>
```

【例 4-2】所示为创建锚，并在同一页面创建相应的超链接，点击该超链接，可跳转至锚所在地。

【例 4-2】　同一页面锚跳转。

```
<a href="#mao">这里是跳转至锚的超链接</a>
<p>锚实验</p>
…
<p>锚实验</p>
<font color="red"><a name="mao">这里是锚所在地</a></font>
<p>锚实验</p>
…
<p>锚实验</p>
```

图 4-2 所示为上述代码的运行效果。点击超链接后，页面显示的第一行跳转至锚所在的行。

图 4-2　同一页面锚跳转

【例 4-3】所示为在不同页面创建超链接，设置其 href 属性值为锚的相对或绝对地址，点击该超链接后，可跳转至锚所在地。

【例 4-3】　不同页面锚跳转。

```
<a href="【例 4-2】同一页面锚跳转.htm#mao">点击本超链接后，将跳转至例 4-2 锚所在地</a>
```

图 4-3 所示为上述代码的运行效果。点击超链接后，页面显示的第一行跳转至锚所在的行。

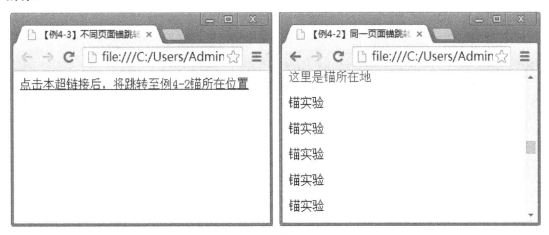

图 4-3　不同页面锚跳转

另外，<a>标签中的 target 属性规定了在哪里打开新的页面，这一属性将在第 7 章中介绍框架时再进行详细介绍。

4.3　其他链接类型

1. E-mail 超链接
超链接可以指向 E-mail 地址，语法格式如下。

```
        <a href="mailto:目标邮件地址?cc=抄送邮件地址&bcc=秘密抄送邮件地址&subject=邮件标题&body=正文内容">邮件超链接</a>
```

上述语法中，对 href 属性进行设置时，使用 mailto 协议来具体指定 E-mail 超链接的相关内容；"mailto:"后跟目标邮件地址，然后使用"?"来连接后续参数。其中，参数 cc 指定抄送邮件地址；bcc 指定秘密抄送邮件地址；subject 指定邮件标题；body 指定正文内容；参数和参数之间通过&连接。

【例 4-4】所示为使用 E-mail 超链接发送邮件。

【例 4-4】　点击 E-mail 超链接发送邮件。

```
        <p>
        向 test1@mailserver1.com 和 test2@mailserver2.com 发送邮件，并抄送给 test3@mailserver3.com，
秘密抄送给 test4@mailserver4.com，邮件的标题为"测 试 邮 件 标 题"，邮件正文内容为"测 试 邮
件 正 文 内 容"。
        </p>
        <a
href="mailto:test1@mailserver1.com;test2@mailserver2.com?cc=test3@mailserver3.com&bcc=test4@mailserver4.
com&subject=测 试 邮 件 标 题&body=测 试 邮 件 正 文 内 容">发送邮件
        </a>
```

图 4-4a 所示为运行效果，点击"发送邮件"超链接后，将出现如图 4-4b 所示的邮件发送界面。

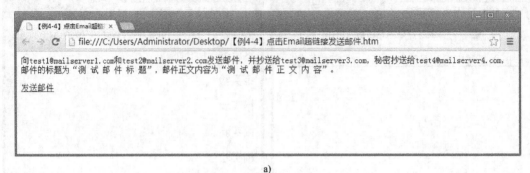

a)

b)

图 4-4　点击 E-mail 超链接发送邮件

a) E-mail 超链接　b) 邮件发送界面

2. FTP 超链接

Internet 上资源丰富，通过文件传输协议 FTP，就可以便捷地获得各种软件、文件等资源。该协议可以实现文件和文件夹在 Internet 上的传输。

创建 FTP 超链接的语法格式如下。

```
<a href="ftp://... ">FTP 超链接</a>
```

3. Telnet 超链接

Telnet 也是 Internet 上最主要、最广泛的应用之一，远程登录 Telnet 是指一台计算机远程链接到另一台计算机上，并在远程计算机上运行自己的应用程序，从而共享计算机网络系统的软件和硬件资源。

创建 Telnet 超链接的语法格式如下。

```
<a href="telnet://...">Telnet 超链接</a>
```

4.4 超链接与 SEO

超链接是搜索引擎优化中最重要的元素之一，分为内部链接和外部链接两种。网站内网页与网页之间的链接称为内部链接；外部链接又常被称为"反向链接"或"导入链接"，是指通过其他网站链接到网站的链接。

在搜索引擎面前，一个链接就代表一张投票，外部链接就是网站之间的互相投票，而内部链接则代表了网站内的各页面互相投票。获得投票越多、票的权重越大的网站，相关网页权重越大，网站关键词排名越高。

1. 外部链接 SEO

对于搜索引擎而言，外部链接具有很大的独立性，网站所有者不能通过正常手段控制别人的网站指向自己的网站，所以相对于内部网站而言，外部链接在搜索排名中的权重更大。外部链接有以下两个作用。

- 浏览者可以通过 A 网站的链接访问 B 网站进行扩展浏览，同时也可为 B 网站带来访问者。
- 外部链接可以分享到一部分权重。A 网站链接到 B 网站，代表 A 网站告诉搜索引擎它信任 B 网站，觉得 B 网站是一个不错的网站，从而给 B 网站投了一票。这样 B 网站就可以从 A 网站分享到一定权重，并使搜索引擎那里的权重得到提高。

通过引用链接、友情链接、软文推广或博客论坛留言等方式，可以增加外部链接的数量，但要注意以下几点。

- 增加外部链接要重质量，不要单纯追求数量。如果网站想要长久地获得好的排名，外部链接的质量会比数量更加重要。因此，增加外部链接时，最好找相关度近的、权重高的、排名靠前的网站。
- 要循序渐进，不要一次性地增加非常多，否则搜索引擎可能会将该行为判定为作弊，而使网站沦为垃圾网站。
- 尽量避免与权重低的网站做外部链接，否则一旦其受到惩罚，将会连累自己的网站。

2. 内部链接 SEO

虽然外部链接的权重要比内部链接的权重高，但在关注外部链接SEO 的同时，也不应该忽略内部链接在 SEO 方面的巨大作用。

- 合理使用内部链接有助于集中网站内容主题，从而使该主题中的核心关键词在搜索引擎中更加具有排名优势。

- 通过网页所获得的链接数的多少，搜索引擎将会很容易识别哪些页面在网站中是重要的。
- 站点中的网页间的互链，有助于提高搜索引擎对网站的爬行索引效率。
- 内部链接可以提高用户体验度，提升访问量。例如，相关文章、热门文章及最新文章等的内部链接，很容易提高用户的访问体验。部署优秀的内部链接越多，页面被点击的几率就越大。

内部链接容易控制，成本低，直接就可以在自己的网站上进行部署。而外部链接不可控性比较大，需要大量购买或长期积累才能实现稳定的 SEO 效果。网站内部链接的优化方法包括制作网站导航、网站地图，在文章内容页列出与其相关的文章，以及热门的、推荐的、随机的、上一篇或下一篇文章等，这些都是网站的内部相关性链接。在设置内部链接时，要注意以下几点。

- 制作效率高的树形网站结构，且网站深度尽量小于 4 层。确保从首页出发，经过 3~4 次点击就能达到任何一个网页，且可以返回首页。
- 尊重用户的体验，注意链接的相关性，内部链接不要太过泛滥。
- 注意防止死链和断链。
- 具体内容页的内部链接指向锚点关键字，应尽量使用原文章标题。避免使用"点击这里"等关键词来进行链接。内容中出现的相关关键词，可以适当地链接回包含该关键词的页面。

4.5　实验与练习

实现页面：创建一个带有超链接的页面，该超链接指向其他页面的锚。锚的内容是，向自己的邮箱发送一封邮件，标题为"已定位锚"，内容为锚的地址。

第5章　多媒体标签

多媒体标签是指 HTML 中声音、图像和动画等形式的元素的标签，它们可以使网站声情并茂、展示效果更佳，让单调乏味的网页生动起来，达到更好的效果。本章将介绍图像、滚动条，以及音频和视频标签的作用和用法，从而使读者能够制作出更加绚丽多彩的网页。

5.1　图像标签<img>

5.1.1　图像源 src 属性

<img>标签可以设置图像。可以使用 src 属性来定义图像文件的 URL 地址，如【例 5-1】所示。

【例 5-1】　使用<img>标签定义一张图片。

```
<p>使用 img 定义一张图片：</p>
<img src="imgs/01.jpg"/>
```

图 5-1 所示为上述代码的运行效果。

图 5-1　使用<img>标签定义一张图片

5.1.2 图像文字信息 alt、title 属性

1. alt 替代文本属性

alt 属性规定了在图像无法显示时的替代文本。使用这个属性是为了给那些不能看到文档中图像的浏览者提供文字说明，包括那些使用本来就不支持图像显示或者图像显示功能被关闭的浏览器的用户，以及视觉障碍的用户和使用屏幕阅读器的用户。如【例 5-2】所示，将 img 元素的 src 属性设为空。

【例 5-2】 使用<img>元素的 alt 属性。

<p>使用 img 标签的 alt 属性来设定图像无法显示时的替代文本信息：</p>
<img src="" alt="alt 属性设置的替代文本"/>

IE 浏览器对 alt 属性的支持比较全面，图 5-2 所示为上述代码在 IE 浏览器中的运行效果。

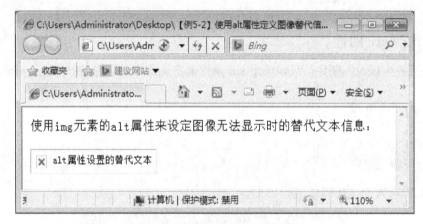

图 5-2　使用<img>元素的 alt 属性

需要注意的是，除了显示图片替代信息的作用，alt 属性也为 SEO 发挥了作用。网页内容相关性是关键词优化的前提，搜索引擎认为，网页上的图片应该与网页主题相关。当搜索引擎要判断网页的关键词时，图片的 alt 代替属性是一个可信任的参考点。

2. title 描述信息属性

title 属性可为设置该属性的元素提供建议性的信息。title 属性可以用在除了<base>、<basefont>、<head>、<html>、<meta>、<param>、<script>和<title>之外的所有标签。

使用 title 属性来提供非本质的额外信息，并不是必需的。大部分的可视化浏览器在鼠标悬浮在特定元素（如图像、超链接等）上时，显示 title 设定的文字为提示信息。【例 5-3】所示为使用 title 属性来定义图像的描述信息。

【例 5-3】 使用 title 属性定义图像描述信息。

<p>使用 title 属性定义图像描述信息：</p>
<img src="imgs/02.jpg" title="月饼"/>

图 5-3 所示为上述代码的运行效果，当鼠标移到该图片之上时，将会显示 title 指定的文本信息"月饼"。

图 5-3　使用 title 属性定义图片描述信息

5.1.3　图像大小 width、height 属性

1. 相对值与绝对值

通过<img>标签的 width 和 height 属性，可以分别设置图像的宽度和高度尺寸。这两个属性的取值如下。

1）以像素为单位的高度或宽度值。这种取值是绝对的，不会因为页面尺寸的变化而改变。

2）以百分比计的相对高度或宽度值，这种取值是相对的，会相对于页面尺寸的变化而改变。

在很多关于大小或位置的属性值设置中，都可以使用上述绝对和相对两种取值方式。【例 5-4】所示为验证上述两种取值方式的对比实验。

【例 5-4】　比较 width、height 属性的相对、绝对两种取值方式。

```
<p>比较 width、height 属性相对、绝对两种取值方式：</p>
<img src="imgs/02.jpg" width="200px" height="200px"/>
<img src="imgs/02.jpg" width="30%" height="30%"/>
```

图 5-4 所示为上述代码的运行效果，拉伸页面前（如图 5-4a 所示），右侧的月饼比左侧的月饼要小；拉伸页面后（如图 5-4b 所示），右侧月饼的尺寸随着页面的尺寸变大而变大。其中，px 为像素单位的符号，可以省略。

a)   b)

图 5-4　使用 title 属性定义图片描述信息

a) 拉伸页面前　b) 拉伸页面后

2. 功能特性

width 和 height 属性有以下三个功能特性。

1）可以根据 width 和 height 属性值，自动调整图片大小。使用这种方法就可以很容易地为大图像创建其缩略图，以及放大很小的图像。但要注意，浏览器还是必须要下载整个文件，不管它最终显示的尺寸到底是多大。而且，如果没有保持其原来的宽度和高度比例，图像可能会发生扭曲。

2）通过 width 和 height 属性设置图像尺寸，可以为图像预留相应大小的位置。若没有这些属性，浏览器就无法了解图像的尺寸，也就无法为图像保留合适的空间。当图像加载时，页面的布局就会发生变化，从而影响用户的阅读和浏览。

3）如果提供了一个百分比形式的 width 属性值而忽略了 height 属性值，那么不管是放大还是缩小，浏览器都将保持图像的宽高比例。这意味着图像的高度与宽度之比将不会发生变化，图像也就不会发生扭曲。

5.1.4　图像边框 border 属性

使用<img>标签的 border 属性，可以设定图像边框的宽度，如【例 5-5】所示。

【例 5-5】　图像边框 border 属性。

```
<p>使用图像边框 border 属性设定图像边框宽度：</p>
<img src="imgs/03.jpg" border="5" wideth="300px" height="200"/>
```

图 5-5 所示为上述代码的运行效果。

图 5-5　使用图像边框 border 属性

5.1.5　图像外边距 vspace、hspace 属性

使用 vspace 和 hspace 属性可以设置图像周围的空间。其中，vspace 属性可以以像素为单位指定图像与其他元素垂直方向的间距；hspace 属性则指定了水平方向上图像与其他元素之间距离的像素数。如【例 5-6】所示。

【例 5-6】　图像边距 vspace、hspace 属性。

```
         
         
      
上方文本<br />
左侧文本<img src="imgs/03.jpg"　vspace="30" hspace="20" wideth="300px" height="200"/>右侧文
本<br />
         
         
      
下方文本
```

图 5-6 所示为上述代码的运行效果。

图 5-6　图像边距 vspace、hspace 属性设置垂直、水平方向图像边距

5.1.6　图像对齐 align 属性

<img>标签的 align 属性定义了图像与文本的对齐方式。

5 种图像对齐属性值分别为 left、right、top、middle 和 bottom。left 和 right 属性值，会把图像浮动到页面的左侧和右侧位置；top、middle 和 bottom 这 3 个值将图像与其相邻的元素在垂直方向上对齐。如【例 5-7】所示。

【例 5-7】　图像对齐 align 属性。

```
        图像 align 属性设置为 top<img src="imgs/03.jpg" align="top" wideth="100px" height="60"/>右侧文
本<br /><br />
        图像 align 属性设置为 middle<img src="imgs/03.jpg" align="middle" wideth="100px" height="60"/>
右侧文本<br /><br />
        图像 align 属性设置为 bottom<img src="imgs/03.jpg" align="bottom" wideth="100px" height="60"/>
右侧文本<br /><br />
        图像浮动到右侧;<img src="imgs/03.jpg" align="right" wideth="100px" height="60"/>右侧文本移动
到左侧
```

图 5-7 所示为上述代码的运行效果。

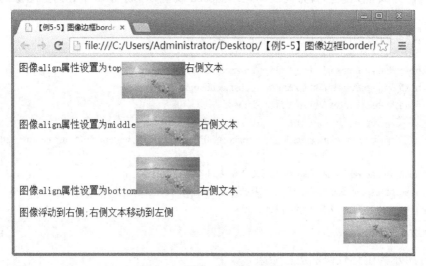

图 5-7　图像对齐 align 属性

5.1.7　使用图像超链接

可以将图像作为超链接，点击后跳转到相关 URL 地址，方法是将图像<img>元素置于超链接 a 元素之间。如【例 5-8】所示。

【例 5-8】　使用图像超链接。

```
        把图像作为超链接使用，鼠标移到图像上时变为手形：
        <a href="http://www.baidu.com"><img src="imgs/04.jpg" width="100px"/></a>
```

图 5-8 所示为上述代码的运行效果，当鼠标移到图像上时指针变为手形。

图 5-8　使用图像超链接

5.1.8　定义图像映射

图像映射是指带有若干可点击区域的一幅图像。使用<map>元素和<area>元素来设定这些区域，其中<area>元素嵌套于<map>元素内部；并在<img>元素中使用 usemap 属性（usemap 属性的值是一个 URL，它指向特殊的 map 区域）关联相关的<map>元素。语法格式如下。

```
<img src="***" usemap="#maptest"/>
<map name="maptest" id="maptest">
    <area shape="circle" coords="圆心横坐标,圆心纵坐标,半径" href ="***" alt="***" />
    <area shape="rect" coords="矩形左上角横坐标,矩形左上角纵坐标,矩形右下角横坐标,矩形右下角纵坐标" href ="***" alt="***" />
    <area shape="polygon" coords="多边形顶点 1 横坐标,多边形顶点 1 纵坐标,...,多边形顶点 n 横坐标,多边形顶点 n 纵坐标" href ="***" alt="***" />
</map>
```

- 使用<map>元素中的 id 或者 name 属性来关联 img 元素，因浏览器而异，可以同时设定<map>元素的 id 和 name 属性。
- <area>元素中，使用 shape 属性来定义区域的形状（如 rect 表示矩形，circle 表示圆形，polygon 表示多边形等）；使用 coords 属性定义区域的具体坐标；使用 href 属性定义区域的目标 URL；使用 alt 属性定义区域的替换文本。

使用图像映射如【例 5-9】所示。

【例 5-9】　使用图像映射。

```
带有可点击区域的图像映射，鼠标移到图像特定区域时变为手形：
<img src="imgs/04.jpg" usemap="#maptest"/>
<map name="maptest" id="maptest">
    <area shape="circle" coords="50,50,50" href ="http://www.126.com" alt="点击圆形区域"/>
    <area shape="rect" coords="330,1,424,83" href ="http://www.163.cn" alt="点击矩形区域"/>
    <area shape="polygon" coords="319,174,306,120,265,94,171,95,108,146,133,264,315,258" href ="http://www.yeah.net" alt="点击多边形区域" />
</map>
```

图 5-9 所示为上述代码的运行效果。

49

图 5-9 使用图像映射

5.2 动态滚动效果标签<marquee>

可以使用<marquee>标签来设置相关元素滚动的效果。基本语法格式如下。

<marquee>需要设置滚动效果的元素</marquee>

通过<marquee>元素的若干属性对滚动效果进一步设定。

1. 滚动方向 direction 属性

通过设置 direction 属性来设定元素滚动的方向，可取 left（向左）、right（向右）、up（向上）和 down（向下）等滚动方向值。

2. 滚动方式 behavior 属性

通过设置 behavior 属性来设定元素滚动的方式，可取 scroll（循环滚动）、slide（只滚动一次）和 alternate（来回滚动）等滚动方式值。

3. 滚动循环次数 loop 属性

通过设置 loop 属性来设定元素滚动的次数。

4. 滚动速度 scrollamount 属性

通过设置 scrollamount 属性来设定元素的滚动速度。

5. 滚动延时 scrolldelay 属性

通过设置 scrolldelay 属性来设定两次滚动操作之间的间隔时间，该时间以毫秒为单位。

6. 滚动底色 bgcolor 属性

通过设置 bgcolor 属性来设定滚动区域的背景颜色。

7. 滚动区域尺寸 width、height 属性

通过设置 width 和 height 属性来设定滚动区域的宽度与高度。

8. 设置周围空间 hspace、vspace 属性

通过设置 hspace 和 vspace 属性来设定滚动区域周围的两端与上下的空间。

5.3 播放音频和视频

本小节介绍使用插件的方式来播放音频和视频，可以使用<embed>标签来将插件添加到 HTML 页面。浏览器将能够调用插件程序，用于处理特定类型的文件。

<embed>可用插入多种音频和视频的多媒体格式，且得到了较多浏览器的支持。需要注意的是，<embed>标签未被 HTML 4 标准认可，但被 HTML 5 收录。其基本语法格式   如下。

```
<embed src=url></embed>
```

其中，src 属性用于设置需要播放的多媒体的 URL 地址。另外，还可以通过其他属性进行进一步设定。

1. 自动播放 autostart 属性

autostart 属性规定音频或视频文件是否在下载完后自动播放，属性值可取 true（默认值）或 false。

2. 循环播放 loop 属性

loop 属性值为 true 时，音频或视频文件循环播放；属性值为 false 时，音频或视频文件不循环播放。

3. 控制面板显示 hidden 属性

hidden 属性规定控制面板是否显示，属性值取 true 时为隐藏面板；取 false（默认值）时为显示面板。

4. 音量大小 volume 属性

volume 属性规定音频或视频文件的音量大小，取值为 0～100 之间的整数。若未定义则使用系统本身的设定。

5. 容器尺寸大小 width、height 属性

使用 width、height 属性设置控制面板的宽度和高度，取值为像素或百分数。

播放音频如【例 5-10】所示。

【例 5-10】 使用<embed>标签播放音频。

```
使用 embed 播放 mp3 音频文件：
<embed src="audio/windows.mp3"></embed>
```

图 5-10 所示为上述代码的运行效果。同样的，也可以使用<embed>标签播放视频。

图 5-10　使用 embed 播放音频

5.4　实验与练习

实现一个页面，包含以下几个功能。

1）将几张图片设置成一定大小插入页面，并设置其来回滚动。

2）为几张图片添加超链接，点击图片可以跳转到其他网页。

3）添加音频并自动播放，隐藏控制面板。

第6章 创建表格

表格标签是一种用于规则地显示数据的常用标签，不仅可以整齐美观地排列数据，还常常用于页面的排版布局。本章主要围绕表格基本标签和属性进行介绍，使读者掌握表格的使用方法。

6.1 表格基本标签

6.1.1 表格标签\<table>、行标签\<tr>及单元格标签\<td>

使用\<table>标签定义一个表格，每一个表格只有一对\<table>和\</table>标签；使用\<tr>标签定义表格的行，一个表格可以有多行；使用\<td>标签定义表格的一个单元格，每行可以有多个单元格，在\<td>和\</td>之间是单元格的具体内容。【例 6-1】所示为一个简单的三行三列的表格。

【例 6-1】 三行三列的表格。

```
<table border=1>
<tr>
    <td>11</td><td>12</td><td>13</td>
</tr>
<tr>
    <td>21</td><td>22</td><td>23</td>
</tr>
<tr>
    <td>31</td><td>32</td><td>33</td>
</tr>
</table>
```

图 6-1 所示为上述代码的运行效果。其中，\<table>标签中的 border 属性用于设置表格边框的宽度，默认值为 0。

图 6-1　三行三列的表格

6.1.2 表格标题标签<caption>

使用<cation>标签定义表格的标题，如【例 6-2】所示。

【例 6-2】 添加标题的表格。

```
添加标题的表格：
<table border="1">
<caption>表格标题</caption>
<tr>
<td>11111111111111111111</td><td>12222222222222222222</td><td>13333333333333333</td>
</tr>
<tr>
<td>21111111111111111111</td><td>22222222222222222222</td><td>23333333333333333</td>
</tr>
<tr>
<td>31111111111111111111</td><td>32222222222222222222</td><td>33333333333333333</td>
</tr>
</table>
```

图 6-2 所示为上述代码的运行效果。使用<caption>标记的表格标题将居于表格上方中部显示。

图 6-2　添加标题的表格

6.1.3 表格表头标签<th>

使用<th>标签定义表格内的表头单元格，如【例 6-3】所示。

【例 6-3】 使用表头标签。

```
使用表头标签 th 的表格：
<table border="1">
<caption>学生信息表</caption>
<tr>
<th>学号</th><th>姓名</th><th>性别</th><th>年龄</th>
</tr>
<tr>
<td>00000001 </td><td>张三</td><td>男</td><td>20</td>
</tr>
```

```
<tr>
<td>00000002 </td><td>李四</td><td>男</td><td>21</td>
</tr>
<tr>
<td>00000003 </td><td>王五</td><td>女</td><td>20</td>
</tr>
</table>
```

图 6-3 所示为上述代码的运行效果。<th>表头元素内部的文本通常会呈现为粗体，且在单元格中居中显示。

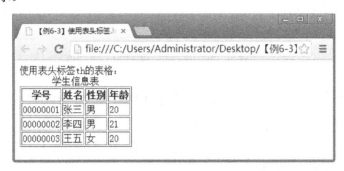

图 6-3　使用表头标签

6.2　表格标签的相关属性

6.2.1　跨行、跨列属性 rowspan、colspan

可以通过<td>（或<th>）元素中的 rowspan 和 colspan 属性合并单元格。其中，通过 rowspan 属性规定单元格可跨的行数；通过 colspan 属性规定单元格可横跨的列数。如【例 6-4】所示。

【例 6-4】　使用 rowspan 和 colspan 属性来合并单元格。

```
合并单元格：
<table border="1">
<tr>
    <td rowspan="2">11</td><td>12</td><td>13</td><td>14</td>
</tr>
<tr>
    <td>22</td><td>23</td><td>24</td>
</tr>
<tr>
    <td>31</td><td colspan="3">32</td>
</tr>
</table>
```

图 6-4 所示为上述代码的运行效果。其中，设置表格第一行第一列单元格的 rowspan 属

性为 2，将表格第一列的第一行和第二行两个单元格进行合并。这样，影响到了表格第二行
<tr>标签对中的<td>标签对数量，由 4 对减为 3 对；设置表格第三行第二列单元格的 colspan
属性为 3，将表格第三行的第二列、第三列和第四列这 3 个单元格进行合并。这样，影响到
了表格第三行<tr>标签对中的<td>标签对数量，由 4 对减为 2 对。

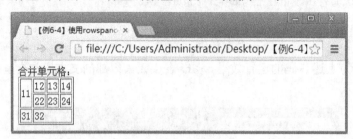

图 6-4　使用 rowspan、colspan 属性合并单元格

6.2.2　设置单元格间距、内边距属性 cellspacing、cellpadding

通过<table>元素中的 cellspacing 属性规定单元格之间的空间；通过<table>元素中的
cellpadding 属性规定单元边沿与单元内容之间的空间。如【例 6-5】和【例 6-6】所示，分
别设定 cellspacing 和 cellpadding 属性。

【例 6-5】　使用 cellspacing 属性设定单元格间距。

```
使用 cellspacing 属性来设定单元格间距
<table border="1" cellspacing="10">
<tr>
    <td>11</td><td>12</td><td>13</td><td>14</td>
</tr>
<tr>
    <td>21</td><td>22</td><td>23</td><td>24</td>
</tr>
<tr>
    <td>31</td><td>32</td><td>33</td><td>34</td>
</tr>
</table>
```

【例 6-6】　使用 cellpadding 属性设定单元格内边距。

```
使用 cellpadding 属性来设定单元格内边距
<table border="1" cellpadding="10">
<tr>
    <td>11</td><td>12</td><td>13</td><td>14</td>
</tr>
<tr>
    <td>21</td><td>22</td><td>23</td><td>24</td>
</tr>
<tr>
    <td>31</td><td>32</td><td>33</td><td>34</td>
```

```
</tr>
</table>
```

图 6-5 和图 6-6 所示分别为单元格间距为 10 像素和单元格内边距为 10 像素的效果。

图 6-5　使用 cellspacing 属性设定单元格间距

图 6-6　使用 cellpadding 属性设定单元格内边距

6.2.3　表格、单元格宽度、高度属性 width、height

可以通过 width、height 属性设定表格的宽度和高度值。width、height 可以应用于 table、td（或 th）元素中来设定表格或单元格的宽度及高度；而在<tr>元素中，仅能使用 height 属性，width 属性无效。如【例 6-7】所示。

【例 6-7】　使用 width、height 属性设定宽度和高度。

```
使用 width、height 属性，分别在 table、tr、td 元素中设定宽度、高度：<br />
（1）在 table 元素中设定宽度、高度均有效：
<table border="1" width="200" height="100">
<tr>
        <td>11</td><td>12</td><td>13</td><td>14</td>
</tr>
<tr>
        <td>21</td><td>22</td><td>23</td><td>24</td>
</tr>
<tr>
        <td>31</td><td>32</td><td>33</td><td>34</td>
</tr>
</table>
（2）在 tr 元素中仅能设定高度，设定宽度无效：
```

```
<table border="1">
<tr width="200" height="100">
    <td>11</td><td>12</td><td>13</td><td>14</td>
</tr>
<tr>
    <td>21</td><td>22</td><td>23</td><td>24</td>
</tr>
<tr>
    <td>31</td><td>32</td><td>33</td><td>34</td>
</tr>
</table>
```
（3）在 td 元素中设定宽度、高度均有效：
```
<table border="1">
<tr>
    <td width="200" height="100">11</td><td>12</td><td>13</td><td>14</td>
</tr>
<tr>
    <td>21</td><td>22</td><td>23</td><td>24</td>
</tr>
<tr>
    <td>31</td><td>32</td><td>33</td><td>34</td>
</tr>
</table>
```

图 6-7 所示为对表格、行、单元格的宽度及高度进行设置的效果。

图 6-7　使用 width、height 属性设定表格宽度和高度

6.2.4 表格、单元格背景颜色属性 bgcolor

可以通过 bgcolor 属性设定表格的背景颜色。bgcolor 可以应用于 table、tr、td（或 th）元素中，设定表格、行及单元格的背景颜色。如【例 6-8】所示。

【例 6-8】 使用 bgcolor 属性设定背景颜色。

```
使用 bgcolor 属性，分别在 table、tr、td 元素中设定背景颜色：<br />
（1）在 table 元素中设定背景颜色有效：
<table border="1" bgcolor="red">
<tr>
        <td>11</td><td>12</td><td>13</td><td>14</td>
</tr>
<tr>
        <td>21</td><td>22</td><td>23</td><td>24</td>
</tr>
<tr>
        <td>31</td><td>32</td><td>33</td><td>34</td>
</tr>
</table>
（2）在 tr 元素中设定背景颜色有效：
<table border="1">
<tr bgcolor="green">
        <td>11</td><td>12</td><td>13</td><td>14</td>
</tr>
<tr>
        <td>21</td><td>22</td><td>23</td><td>24</td>
</tr>
<tr>
        <td>31</td><td>32</td><td>33</td><td>34</td>
</tr>
</table>
（3）在 td 元素中设定背景颜色有效：
<table border="1">
<tr>
        <td bgcolor="blue">11</td><td>12</td><td>13</td><td>14</td>
</tr>
<tr>
        <td>21</td><td>22</td><td>23</td><td>24</td>
</tr>
<tr>
        <td>31</td><td>32</td><td>33</td><td>34</td>
</tr>
</table>
```

图 6-8 所示为对表格、行和单元格的背景颜色进行设置的效果。

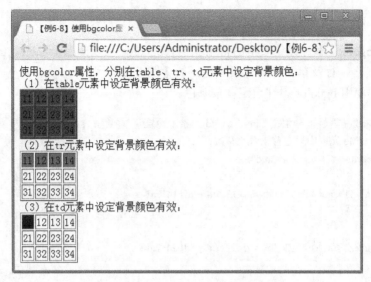

图 6-8　使用 bgcolor 属性设定背景颜色

6.2.5　表格、行及单元格水平对齐方式属性 align

可以通过 align 属性设定表格的水平对齐方式。align 可以应用于\<table\>、\<tr\>、\<td\>（或\<th\>）元素中，设定表格、行及单元格的水平对齐方式。常用的属性值包括 center（居中）、left（左对齐）、right（右对齐）及 justify（两端对齐，此属性值不适用于\<table\>元素）等。如【例 6-9】所示。

【例 6-9】　使用 align 属性设定水平对齐方式。

```
使用 align 属性，分别在 table、tr、td 元素中设定水平对齐方式：<br />
（1）在 table 元素中设定水平对齐方式有效：
<table border="1" align="right" width=200>
<tr>
        <td>1</td><td>1</td><td>1</td><td>1</td>
</tr>
<tr>
        <td>1</td><td>1</td><td>1</td><td>1</td>
</tr>
<tr>
        <td>1</td><td>1</td><td>1</td><td>1</td>
</tr>
</table>
（2）在 tr 元素中设定水平对齐方式有效：
<table border="1" width=200>
<tr align="right">
        <td>2</td><td>2</td><td>2</td><td>2</td>
</tr>
<tr>
        <td>2</td><td>2</td><td>2</td><td>2</td>
```

```
        </tr>
        <tr>
                <td>2</td><td>2</td><td>2</td><td>2</td>
        </tr>
        </table>
```
（3）在 td 元素中设定水平对齐方式有效：
```
<table border="1" width=200>
<tr>
        <td align="right">3</td><td>3</td><td>3</td><td>3</td>
</tr>
<tr>
        <td>3</td><td>3</td><td>3</td><td>3</td>
</tr>
<tr>
        <td>3</td><td>3</td><td>3</td><td>3</td>
</tr>
</table>
```

图 6-9 所示为对表格、行及单元格的水平对齐方式进行设置的效果。其中，在<table>元素中设定 align 属性值为 right，整个表格浮动至页面右侧；在<tr>元素中设定 align 属性值为 right，该行所有单元格内容居右显示；在<td>元素中设定 align 属性值为 right，该单元格内容居右显示。

图 6-9 使用 align 属性设定水平对齐方式

6.2.6 表格、行及单元格垂直对齐方式属性 valign

可以通过 valign 属性设定表格的垂直对齐方式。valign 可以应用于<tr>、<td>（或<th>）元素中，设定行及单元格的垂直对齐方式。常用的属性值包括 top（上对齐）、middle（居中对齐）、bottom（下对齐）及 baseline（基线对齐）等。如【例 6-10】所示。

【例 6-10】 使用 valign 属性设定垂直对齐方式。

使用 valign 属性，分别在 tr、td 元素中设定垂直对齐方式：
（1）在 tr 元素中设定垂直对齐方式有效：
<table border="1" height=200>

```
<tr valign="bottom">
    <td>2</td><td>2</td><td>2</td><td>2</td>
</tr>
<tr>
    <td>2</td><td>2</td><td>2</td><td>2</td>
</tr>
<tr>
    <td>2</td><td>2</td><td>2</td><td>2</td>
</tr>
</table>
```
（2）在 td 元素中设定垂直对齐方式有效：
```
<table border="1" height=200>
<tr>
    <td valign="top">3</td><td>3</td><td>3</td><td>3</td>
</tr>
<tr>
    <td>3</td><td>3</td><td>3</td><td>3</td>
</tr>
<tr>
    <td>3</td><td>3</td><td>3</td><td>3</td>
</tr>
</table>
```

图 6-10 所示为对行及单元格的垂直对齐方式进行设置的效果。其中，在<tr>元素中设定 valign 属性值为 bottom，该行所有单元格内容下对齐显示；在<td>元素中设定 valign 属性值为 top，该单元格内容上对齐显示。

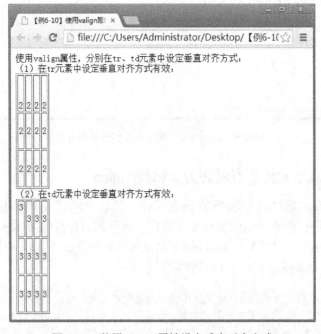

图 6-10 使用 valign 属性设定垂直对齐方式

6.2.7 表格边框可见属性 frame、rules

<table>元素中的 frame 属性用来设置外边框的可见性。通过设置不同的 frame 属性值，可以控制外边框的显示。表 6-1 所示为<table>元素 frame 属性值列表。

表 6-1   <table>元素 frame 属性值列表

属 性 值	说 明
void	不显示外边框
above	显示上部外边框
below	显示下部外边框
hsides	显示上部和下部外边框
vsides	显示左侧和右侧外边框
lhs	显示左侧外边框
rhs	显示右侧外边框
box	显示所有外边框

<table>元素中的 rules 属性用来设置内边框的可见性。通过设置不同的 rules 属性值，可以控制内边框的显示。表 6-2 所示为<table>元素 rules 属性值列表。

表 6-2   <table>元素 rules 属性值列表

属 性 值	说 明
none	不显示内边框
groups	显示行组和列组之间的内边框
rows	显示位于行之间的内边框
cols	显示位于列之间的内边框
all	显示所有内边框

【例 6-11】所示为使用 frame 和 rules 属性控制外、内边框的显示效果。

【例 6-11】 使用 frame 和 rules 属性控制外、内边框显示。

```
（1）使用 frame 属性，控制外边框只显示上边框：<br />
<table border="1" frame="above">
<tr>
    <td>2</td><td>2</td><td>2</td><td>2</td>
</tr>
<tr>
    <td>2</td><td>2</td><td>2</td><td>2</td>
</tr>
<tr>
    <td>2</td><td>2</td><td>2</td><td>2</td>
</tr>
</table>
（2）使用 rules 属性，控制内边框只显示行之间的内边框：
<table border="1" rules="rows">
<tr>
    <td>3</td><td>3</td><td>3</td><td>3</td>
```

```
        </tr>
        <tr>
            <td>3</td><td>3</td><td>3</td><td>3</td>
        </tr>
        <tr>
            <td>3</td><td>3</td><td>3</td><td>3</td>
        </tr>
        </table>
```

如图 6-11 所示，通过设置 frame 属性为 above，实现仅显示表格的上外边框；通过设置 rules 属性为 rows，实现仅显示行间内边框。

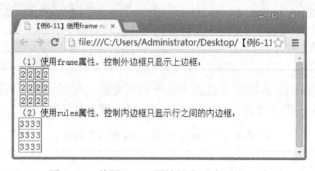

图 6-11　使用 frame 属性设定垂直对齐方式

6.3　实验与练习

1）转换【例 6-3】的表格内容结构，使得表头纵向排列，呈现如图 6-12 所示的效果。

学生信息表			
学号	00000001	00000002	00000003
姓名	张三	李四	王五
性别	男	男	女
年龄	20	21	20

图 6-12　纵向排列表头

2）将图 6-13a 所示表格中的单元格 11、21 合并；另外，将 23、24、33、34 这 4 个单元格合并，形成一个如图 6-13b 所示的表格。

11	12	13	14
21	22	23	24
31	32	33	34

a)

11, 21	12	13	14
	22	23, 24, 33, 34	
31	32		

b)

图 6-13　合并单元格

a) 合并前　b) 合并后

第7章 创 建 框 架

框架标签是一种与网页布局密切相关的标签，通过使用框架，可以在同一个浏览器窗口中显示多个页面。它可以使网页的分区清晰明了，易于辨别。本章通过对框架集标签、框架标签以及浮动框架标签的介绍，让读者掌握如何使用框架标签来显示多个页面，以及进行页面布局。

7.1 框架集标签<frameset>

7.1.1 水平分割、垂直分割窗口 rows、cols 属性

<frameset>元素可定义一个框架集，用来设计和组织多个框架窗口。其中每个框架窗口内容都使用<frame>标签规定，是独立的文档。

在设计框架时，使用<frameset>元素中的 cols 及 rows 属性，将页面进行划分。其中，使用 rows 属性定义框架集中行的数目和尺寸；使用 cols 属性定义框架集中列的数目和尺寸。取值单位可以是像素（绝对大小），可以是百分比（相对大小），也可以是"*"（表示除去已划分部分的尺寸后剩余的尺寸）。如【例 7-1】和【例 7-2】所示。

【例 7-1】 使用 cols 属性设计简单 3 列框架。

```
<frameset cols="20%,30%,*">
    <frame src="a.htm" />
    <frame src=" b.htm" />
    <frame src=" c.htm" />
</frameset>
```

在【例 7-1】中，引入的 a.htm 网页所显示的内容为："框架窗口显示内容：a.htm 网页"，b.htm 和 c.htm 与之内容相似，但调整了相关网页名称内容。使用<frame>元素中的 src属性，设置框架中要显示的网页的 URL 地址。

如图 7-1 所示，为嵌套使用 cols 属性设计了一个简单的三列框架页面，其中尺寸大小使用相对大小进行设置，并使用"*"代替除"20%"和"30%"这两个已被划分框架的尺寸后的"50%"的尺寸大小。

【例 7-2】 使用 cols 及 rows 属性纵横划分框架。

```
<frameset rows="200,*">
    <frame src="a.htm" />
    <frameset cols="30%,*">
```

```
        <frame src="b.htm" />
        <frame src="c.htm" />
    </frameset>
</frameset>
```

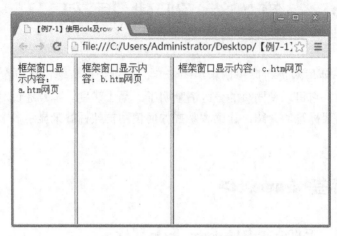

图 7-1　一个简单的三列框架页面

嵌套使用<frameset>元素，并通过 rows 和 cols 属性将框架页面纵横划分为如图 7-2 所示的页面效果，其中在 rows 属性设置中使用了 200 像素的绝对大小设置方法。

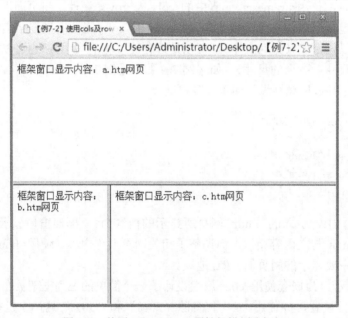

图 7-2　使用 cols 及 rows 属性纵横划分框架

7.1.2　框架边框属性 border 及 bordercolor

使用 border 属性可以设定框架边框的宽度，使用 bordercolor 属性可以设定框架边框的颜色。如【例 7-3】所示。

【例7-3】 框架边框宽度及颜色设置。

```
<frameset border="20" bordercolor="red" rows="200,*">
  <frame src="a.htm" />
<frameset border="5" bordercolor="green" cols="30%,*">
  <frame src="b.htm" />
  <frame src="c.htm" />
</frameset>
</frameset>
```

图7-3所示为上述代码的运行效果。

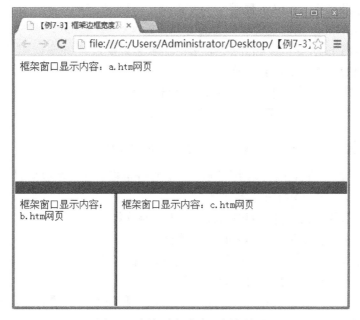

图7-3　框架边框宽度及颜色设置

7.1.3　使用noframes属性设置框架无效时的替代文本

可以使用noframes属性为那些不支持框架的浏览器显示替代文本。如【例7-4】所示。

【例7-4】　使用noframes属性设置框架无效时的替代文本。

```
<frameset cols="20%,30%,*">
  <noframes>
    <body>您的浏览器不能显示框架！</body>
  </noframes>
  <frame src="a.htm" />
  <frame src=" b.htm" />
  <frame src=" c.htm" />
</frameset>
```

<noframes>元素包含于<frameset>元素中。如果浏览器有能力处理框架，就不会显示出

<noframes>元素中的文本。当浏览器不能处理框架时，就会显示<noframes>元素中的文本。这些文本包含在<body>元素中。

7.2 框架标签<frame>

7.2.1 frame 框架标签的若干属性

1. 框架名称 name 属性

可以使用 name 属性设置框架名称，以唯一标识框架。

2. 是否显示滚动条 scrolling 属性

可以使用 scrolling 属性设置框架是否显示滚动条。属性值可以为 yes（适中显示滚动条）、no（从不显示滚动条）和 auto（在需要时显示滚动条）。

3. 禁止调整窗口大小 noresize 属性

使用 noresize 属性设置是否可以调整框架窗口的大小，只可取一个属性值：noresize。当设置 noresize 属性值后，框架窗口大小不可以被改变。

7.2.2 使用超链接中的 target 属性控制框架跳转显示

超链接<a>元素中的 target 属性可设定在何处打开链接页面，可以取以下五个值。

● _blank：在新窗口中打开目标文档。
● _self：默认值，在当前框架或窗口中打开目标文档。
● _parent：在父框架集中显示被打开的目标文档。
● _top：跳出所有框架集，在整个窗口中打开目标文档。
● 框架名称：在指定框架中打开目标文档。

为了深入了解上述属性的特性，下面举例对这五种属性值的跳转显示方式进行对比验证，如【例 7-5】所示。

【例 7-5】 验证各 target 属性的跳转显示方式。

1）文件"【例 7-5】比较_parent 和_top 框架跳转方式.htm"的作用是建立一个框架集，并引入两个框架窗口的内容："a.htm"及"d.htm"：

```
<frameset rows="200,*">
    <frame src="a.htm" name="FrameA"/>
    <frame src="d.htm" name="FrameD"/>
</frameset>
```

2）文件"a.htm"显示内容为："框架窗口显示内容：a.htm 网页"。

3）文件"d.htm"的作用是在"d.htm"中再建立一级子框架集，以验证_top 和_parent 这两个属性跳转显示方式的区别。

```
<frameset cols=30%,*>
<frame src="e.htm" name="FrameE"/>
<frame src="f.htm" name="FrameF"/>
```

```
    </frameset>
```

4）文件"e.htm"的作用是给出一个属性值为框架名称的超链接，以验证和分析其跳转显示方式。

框架窗口显示内容：e.htm 网页
<a href="a.htm" target="FrameF">设置 target 属性为某框架名称，即可在该框架内显示目标文档</a>

5）文件"f.htm"的作用是分别给出属性值为_blank、_self、_parent 及_top 的超链接，以验证和分析它们的跳转显示方式。

框架窗口显示内容：f.htm 网页

<a href="a.htm" target="_blank">使用_blank 属性，在新窗口打开 a.htm</a>
<a href="a.htm" target="_self">使用_self 属性，在当前框架或窗口打开 a.htm</a>
<a href="a.htm" target="_parent">使用_parent 属性，在父框架打开 a.htm</a>
<a href="a.htm" target="_top">使用_top 属性跳出框架集，在整个窗口打开 a.htm</a>

图 7-4 所示为【例 7-5】的主界面效果，可以点击上面的各个超链接，按照 target 属性规定的方式进行跳转显示。

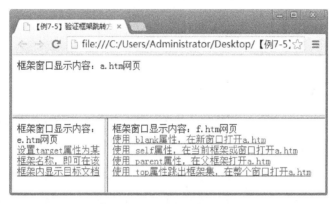

图 7-4　验证各 target 属性的跳转显示方式

7.3　浮动框架标签<iframe>

元素<iframe>也是框架的一种形式，与<frame>元素不同的是，<iframe>可以嵌在网页中的任意部分，因此也称浮动框架。基本语法格式如下。

<iframe src=URL id=* width=* height=* frameborder=* scrolling=*></iframe>

其中，使用 src 属性指定在框架内显示的文档的 URL 地址；使用 width 和 height 属性设置浮动框架的宽度和高度；使用 id 属性来标识 iframe 框架；使用 frameborder 属性来设置是否显示框架的边框，属性值可以为 0（不显示边框）和 1（默认值，显示边框）；scrolling 属性的用法与<frame>中的 scrolling 属性相似，用于设置是否显示滚动条，属性值可以为 yes

（适中显示滚动条）、no（从不显示滚动条）和 auto（在需要时显示滚动条）。【例 7-6】所示为一个简单的使用 iframe 框架的示例。

【例 7-6】 使用 iframe 框架。

> iframe 框架可将被引用页面嵌入主页面的任意部分：
> <iframe src="a.htm">您的浏览器不支持 iframe 框架，请升级或更换浏览器。</iframe>
> 在 frameset 框架集主页面中，不允许出现 body 标签，不能在其上显示正文内容。
> 而 iframe 无疑提供了更灵活的方式，将一个被引用页面嵌入到主页面的正文中。

图 7-5 所示为运行效果。其中，在 iframe 起始和结束标签中，可以加入替代文本，浏览器不支持<iframe>元素时，显示这些替代文本给出说明。

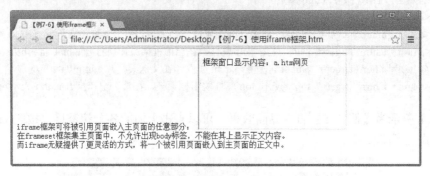

图 7-5　使用 iframe 框架

7.4　实验与练习

实现一个框架页面，如图 7-6 所示。将页面分为三个框架窗口，左侧加入导航列表；点击导航列表中的导航后，在右侧的框架窗口中显示跳转后的页面。

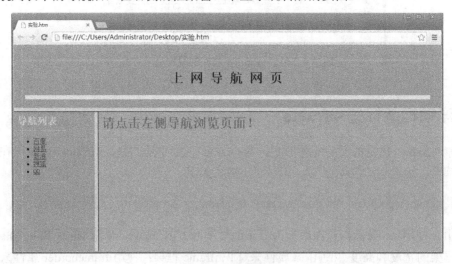

图 7-6　框架实验

70

第8章 创建表单

表单是一个包含表单元素的区域，表单元素允许用户在表单中输入内容进行交互。表单在网站开发中的应用十分广泛，是前端页面和后台服务器交互的重要手段。本章围绕表单标签、输入标签、列表标签及文本域标签进行介绍，并通过实验与练习，综合运用各个常用表单元素，加深读者对表单的理解。

8.1 表单标签

表单<form>元素用于为用户输入创建 HTML 表单，并向服务器传输用户输入的表单数据。基本的语法格式如下。

> <form action=URL method=*></form>

其中，在<form>标签对内可以添加表单元素；属性 action 规定了当提交表单时，向何处发送表单数据进行处理；属性 method 规定了发送表单数据的方法，包括 POST 方法和 GET 方法共两种。

采用 POST 方法时，浏览器先与 action 属性中指定的表单处理服务器建立连接，然后分段将数据发送给服务器；采用 GET 方法，浏览器会将数据直接附在表单 action 属性指定的 URL 地址之后，直接发送所有的表单数据。

POST 方法和 GET 方法的区别如下。

- POST 传输数据时，不在 URL 中显示出来，而 GET 方法要在 URL 中显示。
- POST 传输的数据量较大，而 GET 方法由于受到 URL 长度的限制，传输数据量小。
- 顾名思义，POST 就是为了将数据传送到服务器端；GET 就是为了从服务器端取得数据。POST 的信息作为 HTTP 请求的内容，而 GET 是在 HTTP 头部传输的。

8.2 输入标签<input>

1. 提交与重置按钮

使用<input>元素，并设置其中的 type 属性为 button，可以定义一个提交按钮。

> <input type="button" value="提交"/>

其中，value 属性设置的是显示在按钮上的内容。

点击该按钮后，将会把表单内的数据提交至<form>元素中 action 属性所设置的 URL 地址进行处理。

如果将 type 属性设置为 reset，可以定义一个重置按钮。

```
<input type="reset" value="重置"/>
```

点击该按钮后，表单中的所有数据将恢复到填写、修改前的内容。

2. 单选按钮

设置 type 属性为 radio，可以定义一个单选按钮。

```
<input type="radio" name=* value=* checked="checked" />
```

其中，name 属性设定了单选按钮的名称，另外，在提交表单数据时，name 属性还可作为单选按钮数据的参数名；value 属性设定了单选按钮相应选项的值，在提交表单数据时，可作为参数的值，与 name 属性设定的参数名一同提交给服务器处理；checked 属性规定在页面加载时应该被预先选定的单选按钮，值为 checked。

需要注意的是，一组单选按钮只允许用户选取一个选项。而要保证这一点，必须将这一组单选按钮的 name 属性设为相同的值。否则，将被认为是多组单选按钮，导致出现可以"多选"的情况，如【例 8-1】所示。

【例 8-1】 单选按钮 name 属性设置实验。

```
请选择学历：<br />
<input type="radio" name="xueli1" value="yanjiusheng" />研究生
<input type="radio" name="xueli2" value="benke" />本科
<input type="radio" name="xueli3" value="zhuanke" />专科
<br />如果 name 属性设置不一致，将导致单选框可以"多选"。
```

图 8-1 所示为运行效果，可见当一组单选按钮中的 name 属性设置不一致时，三个单选按钮都可以被选中。

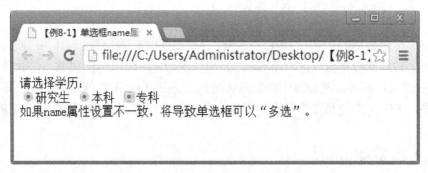

图 8-1　单选按钮 name 属性设置实验

3. 复选框

设置 type 属性为 checkbox，可以定义一个复选框。

```
请选择兴趣爱好：
<input type="checkbox" name="hobby" value="music" />听音乐
<input type="checkbox" name="hobby" value="book" />看书
<input type="checkbox" name="hobby" value="sport" checked="checked"/>运动
```

其中，name 属性设定了复选框的名称，另外，在提交表单数据时，name 属性还可作为复选框数据的参数名；value 属性设定了复选框相应选项的值，在提交表单数据时，可作为参数的值，与 name 属性设定的参数名一同提交给服务器处理（如果是多选，就会提交一个参数名和多个值给服务器处理）；checked 属性规定在页面加载时应该被预先选定的复选框选项，值为 checked。

4. 文本框

设置 type 属性为 text，可以定义一个文本输入框；如果设为 password，可以定义一个密码输入框，如【例 8-2】所示。

【例 8-2】 文本输入框及密码输入框。

```
用户名：<input type="text" name="user"/><br />
密  码：<input type="password" name="password"/>
```

其中，name 属性设定了文本框的名称；另外，在提交表单数据时，name 属性还可作为文本框数据的参数名，而对应的参数值即是文本框中输入的内容。图 8-2 所示为运行效果，其中，密码输入框中输入内容的显示由实心圆代替。

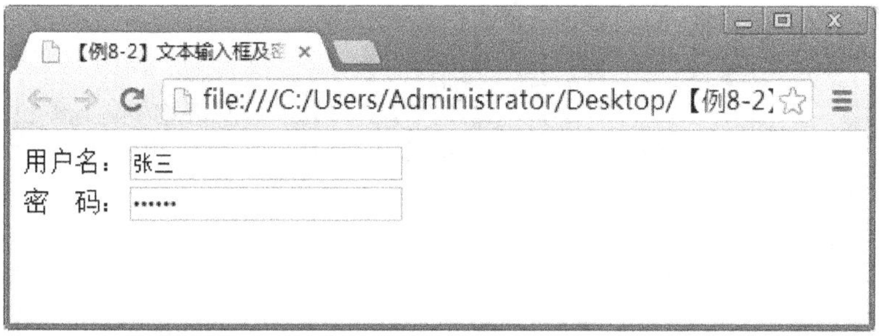

图 8-2　文本输入框及密码输入框

8.3　列表标签<select>

<select>元素可创建单选或多选菜单，并可接受用户输入，其语法格式如下。

```
<select name=* size=* multiple="multiple">
  <option value=* selected="selected">选项 1</option>
  <option value=* selected="selected">选项 2</option>
  …
</select>
```

<select>元素中的 name 属性设定了列表框的名称，另外，在提交表单数据时，name 属性还可作为列表数据的参数名；size 属性设定了列表可见选项的数目；multiple 属性设定了允许选择多个选项。

<option>元素用来定义列表的选项。其中，value 属性设定了列表相应选项的值，在提交表单数据时，可作为参数的值，与<select>元素中 name 属性设定的参数名一同提交给服务器处理（如果列表是多选，就会提交一个参数名和多个值给服务器处理）；selected 属性规

定在页面加载时应该被预先选定的列表选项，值为 selected。

8.4 文本域标签**<textarea>**

<textarea>元素可以定义多行文本输入区域，其语法格式如下。

<textarea name=* cols=* rows=*>文本域中的默认文本</textarea>

其中，name 属性设定了文本域的名称，另外，在提交表单数据时，name 属性还可作为文本域数据的参数名，而对应的参数值即是文本域中输入的内容；可以通过 cols 和 rows 属性来规定 textarea 的尺寸，其中 cols 规定文本域内的可见宽度，rows 规定文本域内的可见行数，单位为字符；位于<textarea>标签对中的文本内容，是文本域的默认文本。

8.5 实验与练习

实现一个简单的注册页面，使用表单元素，并嵌套使用文本框、单选按钮、复选框、列表、文本域及按钮等元素，实现如图 8-3 所示的效果。

图 8-3 一个简单的注册页面

第9章 项目实训1——使用 HTML 进行物业公司网站设计

本章将综合应用已学习过的 HTML 的相关知识内容，设计并实现一个物业公司网站，基本内容包括：①对 HTML 相关知识进行综合利用，进行项目实训，构建一个完整的网站。②按照开发网站的基本步骤，包括需求分析、布局设计、色彩设计、局部布局及局部内容填充等，对网站进行科学、合理的设计与实现。③对本章网站设计进行总结，分析 HTML 在构建网站时的局限性，并在此基础上展望即将学习的后续知识对网站设计的优化和提升作用。

9.1 网站需求分析

1. 项目意义

全球信息化、网络化进程正逐渐改变着人们的生活方式，Internet 技术和应用对人们的工作、娱乐乃至日常生活的各个层面都带来了深刻的影响。大量的企业、研究机构、政府和个人将越来越多的资金和技术投入到 Internet 环境中，并获得了很大的成功。

在互联网高速发展的今天，企业网站正成为企业展示形象、信息发布、业务拓展、客户服务和内部沟通的重要阵地。因此，团美物业公司需要建立自己的企业网站，大力推广和宣传自身的服务与理念，让更多的人知道团美物业公司的服务，并能及时了解客户的反馈意见，与客户建立起一对一的沟通方式，使公司在服务质量和服务水平上迈上一个新台阶，在行业内处于有利的竞争地位。

2. 项目背景简介

团美物业服务有限责任公司以"全方位、零距离"为企业宗旨；以"管家式、保姆式"为经营理念；以"规范化、人性化"为管理模式；以"全心全意、真心诚意"为服务口号；以全、优、特的理念为宗旨，力推精品物业服务，以高标准的服务和良好的信誉来赢得客户的尊重与信赖，努力实现与客户同荣、互利、双赢的新局面。

3. 目标市场及可行性分析

团美物业公司网站的目标访问群和消费群主要来自开发商、小区业主等。网站一方面要达到企业形象宣传的作用；另一方面，可以通过本网站进行即时洽谈业务。通过企业网站的建立，将切实降低企业的营销与宣传成本，提高工作效率，为公司带来一定的经济效益。

9.2　网页布局设计与实现

9.2.1　网页布局总体设计

本网站设计的网页的页面布局如图 9-1 所示。打开公司网站后，第一部分是公司的商标和公司名称；接下来是企业的宣传图片、横幅或标语等内容；然后，将网页分为左右两部分，左侧显示最新更新的公司新闻列表和荣誉资质，右侧部分第一行显示网站导航菜单，接下来是正文的标题和内容；最后一部分是网页的页脚，给出联系方式、版权或备案号等相关信息。

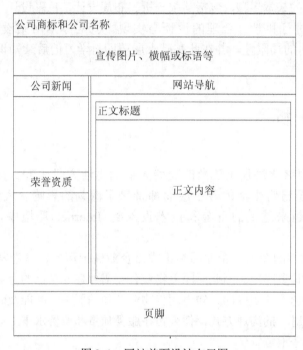

图 9-1　网站首页设计布局图

9.2.2　网页布局方法选择

网页布局方法有两种，分别为使用框架进行布局和使用表格进行布局。

1）使用框架布局的方法适合于对网页总体布局的设计，优点是结构清楚、分明，提高了代码的复用性。但涉及较为复杂、细节或特殊样式的布局设计时，就较难使用其进行设计了。另外，如果划分了过多的框架，也就意味着需要设计相应的网页，非常烦琐。

2）使用表格布局的方法简单、灵活，能够满足复杂布局的需求。而且表格布局对浏览器的兼容性相当高，几乎所有浏览器的效果是一样的。

结合框架布局和表格布局的优缺点，本章使用表格进行网页布局设计。另外，使用iframe 嵌套于表格中，以增加代码的重用性，统一网站风格。

9.2.3 网页布局实现

根据 9.2 节对网页布局的设计，使用<table>元素来实现网页的布局，示例代码如下。

【例 9-1】 使用<table>元素实现网页布局。

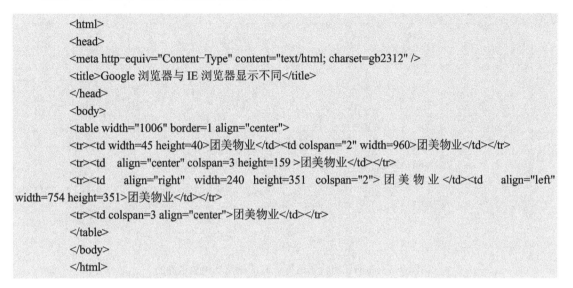

```
<html>
<head>
<meta http-equiv="Content-Type" content="text/html; charset=gb2312" />
<title>Google 浏览器与 IE 浏览器显示不同</title>
</head>
<body>
<table width="1006" border=1 align="center">
<tr><td width=45 height=40>团美物业</td><td colspan="2" width=960>团美物业</td></tr>
<tr><td  align="center" colspan=3 height=159 >团美物业</td></tr>
<tr><td  align="right" width=240 height=351 colspan="2">团美物业</td><td align="left"
width=754 height=351>团美物业</td></tr>
<tr><td colspan=3 align="center">团美物业</td></tr>
</table>
</body>
</html>
```

示例代码说明如下。

1）为了保证多种分辨率条件下有稳定的网页布局效果，这里使用一个 table 表格，并限定其宽度为 1006。两边空白的区域，可加入广告或热门链接等扩展内容。

2）使用 table 的 align 属性，使整个网页的内容都居中显示。

3）通过 width、height、colspan 及 rowspan 属性，将 5 行 3 列的表格整理成布局设计的样式。

图 9-2 所示为 Google 浏览器运行上述布局示例代码后的显示界面。

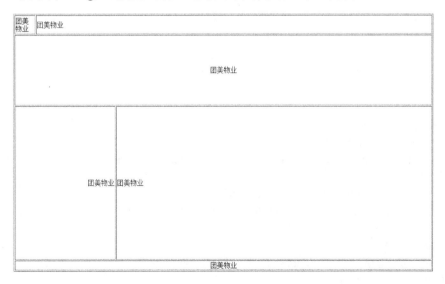

图 9-2 布局示例代码运行于 Google 浏览器的显示界面

由于 Internet 网上客户端所安装浏览器的多样化，因此，在网页设计与实现过程中，要及时试验各主流浏览器的显示效果。这里，将以上示例代码再在 IE 8 浏览器中运行一遍，显示的界面如图 9-3 所示。

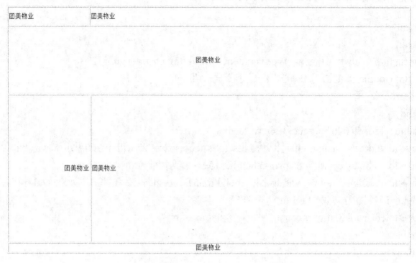

图 9-3　布局示例代码运行于 IE 8 浏览器的显示界面

比较图 9-2 与图 9-3 可见，布局示例代码在 Google 浏览器与 IE 8 浏览器的显示不一致。究其原因，是因为 Google 浏览器与 IE 8 浏览器对<table>标签的解析方法不同所致。IE 8 浏览器中，表格下方的列宽受其之上的列宽影响。

为了统一网页效果，需要对该网页框架的设计代码进行调整，使得各浏览器显示的网页效果一致。这里将一个 table 变成了上下两个 table，这样就避免了浏览器对同一表格进行解析所导致的不同效果，示例代码如下。

【例 9-2】　使用两个<table>元素避免不同浏览器显示不一致。

```
<html>
<head>
<meta http-equiv="Content-Type" content="text/html; charset=gb2312" />
<title>Google 浏览器与 IE 浏览器显示不同</title>
</head>
<body>
<div align=center>
<table width="1006" border=1>
<tr><td rowspan="2" width=45 height=40>团美物业</td><td   width=960 valign="bottom">团美物业
</td></tr>
<tr><td valign="bottom">团美物业</td></tr>
<tr><td   align="center" colspan=2 height=159>团美物业</td></tr>
</table>
<table border=1>
<tr><td   align="right"  width=240  height=451> 团 美 物 业 </td><td   align="left"  width=751
height=451>团美物业</td></tr>
<tr><td colspan=2>团美物业</td></tr>
```

78

```
</table>
</div>
</body>
</html>
```

由此，网页布局示例代码在两种浏览器上的显示效果就一致了。

📖 在设计网站时，由于受众较广，浏览器种类较多，所以一定要考虑网站在不同浏览器上的显示效果。在设计和实现过程中，应及时试验，避免积重难返。

9.3 网站色彩设计

9.3.1 色彩的基本知识

本节介绍色彩的基本知识，以便进一步对网站的色彩进行搭配与设计。

1. 三原色的概念

红、黄、蓝是三原色，三原色通过不同比例的混合可以得到各种颜色。

2. 冷暖色系

色彩有冷色系、暖色系之分，不同的色系会向用户传达不同的信息。因此网站色系的选择对于表达公司的形象起着至关重要的作用。冷暖色的巧妙运用可以让网站产生意想不到的效果。

（1）暖色

暖色由红色色调组成，如红色、橙色和黄色等，能给主题赋予温度、舒适和活力。如果网站希望展现给客户的是一种温暖、温馨的形象，那么可以考虑选用暖色来制作公司的网站。

（2）冷色

冷色来自于蓝色色调，如蓝色、青色和绿色等。这些颜色将对色彩主题起到冷静的作用，因此用它们做页面的背景比较好。如果网站希望给客户一种沉稳、专业的印象，那么可以选择使用冷色系作为网站的主要颜色。

3. 色调

色调包括亮色调、暗色调、深色调和淡色调等。

（1）亮色调

鲜艳的颜色，或在鲜艳的颜色中加一点白色，就构成了亮色调。亮色调的选用给人以有趣、活泼、生动、愉悦的感觉。

（2）暗色调

将亮色调稍微加一点黑色，就构成了暗色调。暗色调表达了一种沉稳、安静、素雅的质感。

（3）淡色调

将亮色调再加一点白色，便形成了淡色调。淡淡的颜色可以给人以清新、轻松、温柔的感觉，远离商业的形象。不少个人网站采用的就是淡色调。

（4）深色调

将鲜艳的颜色稍微加一点黑色，便构成了深色调。深色调传达了有力、强劲、沉稳的感觉。

4. 颜色象征意义

更加细化地分析颜色可以发现，不同的颜色有着不同的含义，给人各种丰富的感觉和联想。

- 红色——代表热情、活泼、热闹、温暖、幸福、吉祥、奔放、喜悦、庄严。
- 橙色——代表光明、华丽、兴奋、甜蜜、快乐。
- 黄色——代表明朗、愉快、高贵、希望、富有、灿烂、活泼。
- 黑色——代表崇高、坚实、严肃、刚健、粗莽、夜晚、沉着。
- 白色——代表纯洁、纯真、朴素、神圣、明快、简单、洁净。
- 蓝色——代表深远、永恒、沉静、理智、诚实、寒冷、天空、清爽、科技。
- 绿色——代表新鲜、平静、和平、柔和、安逸、青春、植物、生命、生机。
- 灰色——代表忧郁、消极、谦虚、平凡、沉默、中庸、寂寞、庄重、沉稳。
- 紫色——代表优雅、高贵、魅力、自傲、浪漫、富贵。
- 棕色——代表大地、厚朴。

9.3.2 色彩搭配原则

在了解了色彩的基本知识后，下面来进一步学习为网站进行色彩搭配时的原则。

1. 避免使用单色

网站设计要避免采用单一色彩，以免产生单调的感觉，但通过调整色彩的饱和度与透明度也可以产生变化，从而使网站避免单调。

2. 使用邻近色的配色方案

所谓邻近色，就是在色带上相邻近的颜色，例如，绿色和蓝色，红色和黄色就互为邻近色。采用邻近色设计网页可以使网页避免色彩杂乱，达到页面的和谐统一。

3. 使用对比色的配色方案

对比色可以突出重点，能产生强烈的视觉效果，合理使用对比色能够使网站特色鲜明、重点突出。在设计时一般以一种颜色为主色调，对比色作为点缀，可以起到画龙点睛的作用。

4. 黑色的使用

黑色是一种特殊的颜色，如果使用恰当，设计合理，往往会产生很强烈的艺术效果。黑色一般用来作为背景色，与其他纯度色彩搭配使用。

5. 背景色的使用

背景色一般采用素淡清雅的色彩，避免采用花纹复杂的图片和纯度很高的色彩作为背景色，同时背景色要与文字的色彩对比强烈一些。

6. 控制色彩的数量

一般初学者在设计网页时往往使用多种颜色，表面上看起来很花哨，但缺乏统一与协调，以及内在的美感。事实上，网站用色并不是越多越好，一般控制在三种色彩以内，通过调整色彩的各种属性来产生变化。

9.3.3 本网站的色彩设计

结合上述知识，对网页色彩进行设计，意在打造一个具有稳重、专业，又不失活泼、亲切风格的物业公司网站。

1）首先，本网站的色彩设计以暗黑色为背景基调，着重体现公司厚重、沉稳的风格。

2）同时，秉承团美物业有限公司 Logo 的色调（绿色、蓝色、黄色和白色）组成，总体上采用绿色、蓝色、黄色和白色等色彩对网页进行点缀、呼应。

3）网页总体上使用对比的配色方案，上半部分着重采用暖色系，凸显物业公司为业主服务、以人为本的宗旨；下半部分采用冷色系，体现物业公司专业、理性的优势。

4）在网页的局部方面，使用邻近色的配色方案进行过渡；而在需要强调的主题部分，使用对比色突出重点。

> 网页色彩设计是理性与感性相结合的创造过程。良好的色彩设计能给网站带来蓬勃的生命力，对提高网站的访问量和用户黏度起着非常关键的作用。

9.4 网站局部设计与实现

9.4.1 公司商标和公司名称部分

在布局表格（见图 9-2）的相应行中插入两个单元格，内容分别是图标图片（banner.jpg）及公司的中、英文名称，如【例 9-3】所示。

【例 9-3】 公司商标和公司名称部分的实现代码。

```
<tr>
    <td bordercolor="#0066FF" rowspan="2" width="49" height="42"
background="images/banner.jpg"></td>
    <td align="left" width=960 valign="bottom" bgcolor="#333333"><b>
<font color="#FFFFFF" size="+1"> 团 美 物 业 服 务 有 限 责 任 公 司<br> 
TUAN  MEI  PROPERTY  SERVICE  LTD.
</font></b></td>
    </tr>
```

上述示例中，第二列中英文公司名称的换行不是通过表格中的<tr>元素实现的，而是使用了
换行元素。使用<tr>换行存在的问题是，表格的边框与表格的背景颜色需要一致。解决的办法是，通过属性 cellspacing 将单元格之间的空白去除即可。

9.4.2 宣传图片、横幅或标语部分

在布局表格（见图 9-2）的相应行中插入宣传图片，并调整图片的高度和宽度，如【例 9-4】所示。

【例 9-4】 宣传图片、横幅或标语部分的实现代码。

```
        <tr>
            <td align="center" colspan=2><img src="images/top1.jpg" width="1012" height="159"/></td>
        </tr>
```

9.4.3 公司新闻与荣誉资质部分

1. 使用<iframe>元素对网页进行嵌入

将该部分独立制成 left.html，使用<iframe>元素将 left.html 网页嵌入进来。在布局表格（见图 9-2）的相应行中插入<iframe>元素，如【例 9-5】所示。

【例 9-5】 插入<iframe>元素。

```
        <td width=241 height=549    valign="top"><iframe width=235 height=545 scrolling="no"
            src="left.html"></iframe></td>
```

2. 该部分布局的设计与实现

在 left.html 中也使用了表格元素，对公司新闻和荣誉资质的内容进行布局设计，如【例 9-6】所示。

【例 9-6】 公司新闻与荣誉资质部分布局实现代码。

```
<body topmargin="0" leftmargin="0">
    <table width="230" align="left" border="0">
        <tr>
            <td width="224" height="466" border=1>
                <table width="207" align="center" border="1">
                    <tr>
                        <td height="26" align="center">公 司 新 闻</td>
                    </tr>
                    <tr>
                        <td height="20">
                            <table height=250 width="90%" border="1" align="center">
                                <tr>
                                    <td>
                                        公司新闻详细内容
                                    </td>
                                </tr>
                            </table>
                        </td>
                    </tr>
                </table>
                <table height="249" width="207" align="center" border="1">
                    <tr>
                        <td height="26" align="center">荣 誉 资 质</td>
                    </tr>
                    <tr>
                        <td bgcolor="#FFFFFF">
```

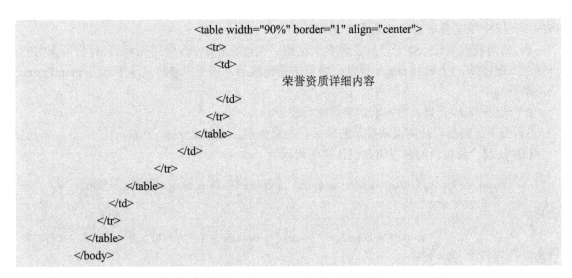

```
          <table width="90%" border="1" align="center">
              <tr>
                <td>
                                 荣誉资质详细内容
                </td>
              </tr>
          </table>
        </td>
      </tr>
    </table>
  </td>
</tr>
</table>
</body>
```

这里嵌套了两层表格，一是为了通过设计各层表格不同的背景颜色，使得页面有层次感；二是为了更灵活地控制文本显示的格式、宽度等（如最里一层的<table>的主要作用是规定文字所占的宽度，为上级表格单元格宽度的90%）。

另外，也要考虑 left.html 作为嵌入页面，有显示空间的限制要求，因此需要使用 width 和 height 属性对内容的宽度和高度进行设置，使其适合于宿主网页左侧的空间。

公司新闻与荣誉资质部分的布局效果如图 9-4 所示。

图 9-4　公司新闻与荣誉资质部分布局效果

3. 网页内容填充设计

在确定好布局之后，接下来填充相关的内容。这里，主要介绍在如图 9-4 所示布局相应的单元格中填充公司新闻（见【例9-7】）。

1）公司新闻通过<ul>无序列表元素来组织。在<li>元素中，使用<a>元素对公司新闻的标题加入超链接，并利用 target 属性规定点击超链接后，相关内容将显示于名为 mainFrame 的浮动框架中。

2）通过<font>元素，对内容的字体进行设置。

3）为了达到公司新闻滚动显示的效果，在最外层加上<marquee>元素。

【例9-7】 公司新闻内容填充设计实现代码。

```
<marquee id="scrollArea2" scrollamount="2" scrolldelay="1" direction="up" height="200">
    <font size="-1">
        <ul>
            <li><a href="zaiguan.html" target="mainFrame">省住房和城乡建设厅领导一行莅临我司考查    2014-4-15</a></li>
            <li><a href="zaiguan.html" target="mainFrame">热烈庆祝我司与山东皇城小区签订物业合同    2014-4-9</a></li>
            <li><a href="zaiguan.html" target="mainFrame">我司半年度工作会议顺利召开    2014-4-3</a></li>
            <li><a href="zaiguan.html" target="mainFrame">皇家尊享、宫廷礼仪式顶级生活标杆    2014-3-25</a></li>
            <li><a href="zaiguan.html" target="mainFrame">我司召开职工茶话文艺会    2014-3-18</a></li>
            <li><a href="zaiguan.html" target="mainFrame">转发《关于调整普通住宅小区前期物业服务收费标准的通知》    2014-3-16</a></li>
            <li><a href="zaiguan.html" target="mainFrame">我司开展人事对接人员培训班    2014-3-5</a></li>
        </ul>
    </font>
</marquee>
```

在布局中相应的单元格中填充公司信誉，同样用<ul>及<li>元素对相应内容进行组织。与上述设计类似，这里不再赘述。

9.4.4 网站导航和正文部分

1. 宿主网页设计与实现

由于该部分布局较简单，因此将布局与内容填充设计一并介绍，如【例9-8】所示。

1）在布局表格相应的单元格中，嵌套一个<table>元素，该<table>元素分为两行，分别填充网站导航及正文部分的内容。

2）在网站导航的设计中，使用了<a>元素对导航文字增加超链接，并通过 target 属性指定将内容显示在 mainFrame 浮动框架中。

3）在正文部分的设计中，通过 iframe 浮动框架元素，将相关网页内容嵌入进来，并根据网站导航，更新显示的网页内容。

【例9-8】 宿主网页布局及内容填充设计实现代码。

```
    <table>
      <tr>
        <td width=188 valign="top" align="center" bgcolor="#FFFF99"><b>
         <a  href="zaiguan.html" target="mainFrame">在 管 小 区</a></b></td>
        <td width=187 valign="top" align="center" bgcolor="#FFFF99"><b>
         <a  href="yewu.html" target="mainFrame">业 务 范 围</a></b><br /></td>
        <td width=188 valign="top" align="center" bgcolor="#FFFF99">
         <a   href="huanjing.html" target="mainFrame"><b>环 境 景 观</b></a></td>
        <td width=187 valign="top" align="center" bgcolor="#FFFF99"><a   href="guanyu.html"
         target="mainFrame"><b>关 于 我 们</b></a></td>
      </tr>
      <tr>
        <td colspan="4"><iframe name="mainFrame" width=761px height=521
         src="zaiguan.html" ></iframe></td>
      </tr>
    </table>
```

2. 嵌入网页设计与实现

对于通过浮动框架嵌入进来的相关网页的设计，这里不再一一介绍，主要以 zaiguan.html 网页的设计为例进行说明，如【例 9-9】所示。

1）使用上下两个 table，对网页进行整体布局。由于布局设计较为简单，这里不再赘述。

2）第一个表格为网页正文的标题部分。通过设置该表格中相应单元的背景色、引入虚线图片（btxx.jpg）等方式，对标题部分的内容显示进行了修饰。

3）第二个表格为网页的正文部分的内容。该表格为 3 行 2 列。其中，第一行显示了两张图片（xy_nktsmall.jpg 和 xy_nktsmall.jpg），在图片的外层加上<a>元素，为图片添加超链接功能；第二行为对应的两个图片的名称；第三行为正文的文字部分。

【例 9-9】 嵌入网页 zaiguan.html 的主要实现代码。

```
    <body bgcolor="#FFFFFF">
      <table width="650" border="0" >
        <tr>
          <td width="9" bgcolor="#9fc500" height="21"> </td>
          <td width="710"   bgcolor="FFFF99"><b>  在管小区 </b></td>
        </tr>
        <tr>
          <td bgcolor="#0191ab" height="15"> </td>
          <td width="710" bgcolor="#0191ab" valign="top"><img height="10" src="images/btxx.jpg"
width="710"/></td>
        </tr>
      </table>
        <br>
      <table align="center" width="698" height="443" border="2" rules="none"
      bordercolor="#333333">
          <tr>
```

```
            <td width="50%" align="center">
                <br><br>
                <a href="images/xy_tstsmall.jpg" target="_blank"><img height="151" alt="请点击图片
欣赏大图" src="images/xy_tstsmall.jpg" width="300" border="0" /></a>
            </td>
            <td width="50%" align="center">
                <br><br>
                <a href="images/xy_nktsmall.jpg" target="_blank"><img height="151" alt="请点击图片
欣赏大图" src="images/xy_nktsmall.jpg" width="300" border="0" /></a>
            </td>
        </tr>
        <tr align="middle">
            <td width="50%" height="36"><a href="images/xy_tstsmall.jpg" target="_blank">单体图
</a></td>
            <td width="50%"><a href="images/xy_nktsmall.jpg" target="_blank">鸟瞰图</a></td>
        </tr>
        <tr>
            <td align="left" colspan="2">
                <br><br>    左岸蓝山小区占地 41800 余平方米，总建筑面积
40000 多平方米。东临在建的千户住宅小区——南苑新区，北靠胜南社区，距离市中心只有 5 分钟车程，
小区绿化率高达 35%，整体环境幽雅静谧，"闹而不喧，静而不偏",享受城市繁华的同时，又可在转瞬之
间回归宁静，为您的生活提供更加舒适、温馨的天地。<br><br><br>
            </td>
        </tr>
    </table>
</body>
```

9.4.5 页脚部分

在布局表格相应的单元格中添加页脚部分，如【例 9-10】所示。

【例 9-10】 页脚部分实现代码。

```
    <tr>
        <td align="center" colspan=2 height=159 bgcolor="#333333"><font size="-1">Copyright @ 2009
团美物业服务有限责任公司版权所有 <a href="" target="_blank">ICP 备 1 号-1</a>          网站建设-团美
科技</font></td>
    </tr>
```

9.5 总结分析

本章通过对网站开发过程（包括需求分析、总体设计、布局设计、色彩设计及网页各
局部内容设计等）的介绍与分析，向读者展示了网页制作的步骤和技术，最后实现了团美物
业服务有限责任公司的企业网站。图 9-5 所示为其网站主页的效果。

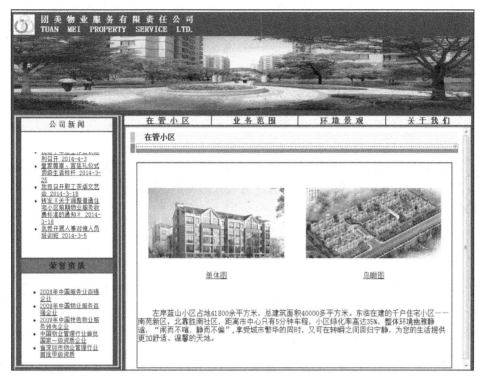

图 9-5 团美物业服务有限责任公司网站主页

然而，由于 HTML 技术上的限制，无法完成以下工作。

1）无法在宣传 banner 上加上生动的宣传标语。仅使用 HTML 技术，如果一定要在图片上加上宣传标语，则必须通过作图软件对图片进行加工。如果不想改动或设计图片而实现这一效果，可以通过将要学习的 CSS 相关知识加以解决。

2）正文内容的标题部分，需要使用<h1>一级标题（设置标题有利于搜索引擎对网页的检录）。然而，<h1>一级标题字体太大了，放在正文的标题位置很突兀，与网页的风格样式不匹配。仅利用所学的 HTML 知识较难对<h1>的格式进行更改，因此，也需要结合使用之后学习的 CSS 相关知识来调整网页的字体大小。

3）在公司新闻栏中，使用<marquee>元素对新闻加入了动画效果。然而，鼠标上移时，希望能够使正在移动的文字停止，以方便点击。但目前仅通过 HTML 技术是不能实现该功能的。这个功能可以在学习 JavaScript 相关知识后，实现与用户的交互。

4）网页的在线交流功能，仅使用 HTML 是不能实现的。必须结合之后要学习的JavaScript、Ajax 等技术加以实现。

5）网页的图片、底色和动画等很多效果，可以通过 CSS3、HTML 5 等技术进行进一步的设计与优化。

第10章　CSS 基础

为了使内容与显示独立，W3C 创建了 CSS 层叠样式表。本章主要介绍 CSS 的基本内容与特点，并给出一个简单的利用 CSS 进行样式设计的例子，以体现 CSS 较 HTML 在样式设计方面拥有更加强大的功能。

10.1　CSS 基本概念

HTML 标签及属性除了定义文档内容外，还可以使网页内容以某种样式显示。但这样设计会导致内容与样式显示互相黏连，影响开发效率、代码可重用性及可维护性等。为解决这个问题，CSS（Cascading Style Sheets，层叠样式表）应运而生。CSS 主要用来定义如何显示 HTML 元素，即规定 HTML 元素内容的显示样式。

10.2　CSS 的特点

CSS 采用了内容与显示独立的设计理念，具备以下几个优点。
- CSS 对内容的表现相对于 HTML 而言，控制更精确，样式更多样，功能更强大。
- 使用 CSS 相当于将样式设计封装起来，供多个网页使用，不仅可以便捷地设计网站内所有网页的布局和外观，更有利于后期维护；并可对网站系统进行迅速扩展，提高开发效率。
- 针对同一个 HTML 元素的多种样式的设计，可以层叠为一个。
- 主流浏览器全部支持 CSS。

10.3　HTML 文档使用 CSS 的方式

1. 内联样式
内联样式是指在 HTML 标签中，通过对 style 属性的设置，直接加入对样式的定义。对个别标签需要进行样式调整时，可使用这种方式。语法格式如下。

```
<html 标签 style="***"></html 标签>
```

2. 嵌入样式
嵌入样式是指在<head>元素内，使用 style 标签来定义样式。所定义的样式的作用范围为其所在网页。语法格式如下。

```
<html>
  <head>
    <style type="text/css">
      …
    </style>
  </head>
  <body>
      …
  </body>
</html>
```

其中，必须设置<style>标签的 type 属性为 text/css。在<style>标签中，可以对当前网页样式进行设置。

3. 外联样式

外联样式是 HTML 页面通过<link>标签或"@import"语句，应用扩展名为.css 的样式文件的样式使用方式。

使用<link>标签的语法格式如下。

```
<link rel="stylesheet" href="CSS 文件的 URL 地址" type="text/css" />
```

使用"@import"语句的语法格式如下。

```
<style type="text/css" media="screen">
@import url("CSS 文件的 URL 地址");
</style>
```

上述两种方法都可以将样式文件链接入 HTML 页面，但也有下列几点区别。

<link>属于 XHTML 标签，无兼容问题，除了可以加载 CSS 外，还可以加载其他内容；而"@ import"是 CSS 提供的一种方式，只能加载 CSS。它在 CSS2.1 中提出，低版本浏览器不支持。

10.4 第一个 CSS 样式设计

下面采用嵌入样式的方式，实现一个简单的样式设置，如【例 10-1】所示。

【例 10-1】 比较 font 的 size 属性及 CSS 样式的 font-size 属性。

```
<html>
  <head>
    <style type="text/css">
      p{font-size:100px}
    </style>
  </head>
  <body>
      <p>通过 CSS 的 font-size 属性进行样式设置的文字！可以通过设置像素值，无限增大文
字的字号！</p>
```

```
        <font size="7">通过 font 标签的 size 属性进行样式设置的标签！当设值为"7"时，字号
达到最大值。</font>
        </body>
    </html>
```

该例使用 CSS 样式的 font-size 属性对<p>元素内容的字号，以像素为单位进行设置。使用<font>标签的 size 属性，对<font>元素内容的字号进行设置。如图 10-1 所示，当 font 的 size 属性值设为 7 时，font 元素内容的字号达到最大值。而 CSS 中的 font-size 属性，通过设置像素值，可以无限增大文字的字号。

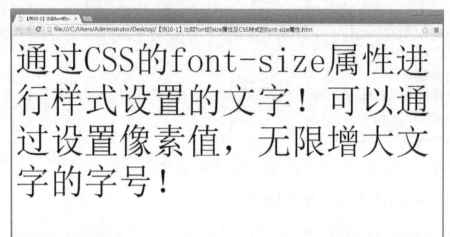

图 10-1　字号设置效果对比

10.5　实验与练习

理解 CSS 的设计理念，简单设计一个使用 style 样式标签的页面，以验证 CSS 的优点：通过 CSS 实现集中控制页面内的多个<p>元素内容的字号大小；并比较使用 HTML 标签及相关属性时的实现方法，分析此对比实验中 CSS 体现出的优点。

第11章 CSS语法

CSS选择符是CSS非常重要的部分，CSS选择符可以对HTML页面中的元素实现一对一、一对多或者多对一的控制。CSS在样式设计上展现的强大功能与选择符的使用密不可分。本章主要介绍CSS基本选择符及复合使用方法，使读者掌握如何通过选择符来选择HTML页面的元素，这是后续学习CSS样式调控的基础。

11.1 CSS的基本语法格式

CSS的基本语法格式如下。

选择符{属性1:属性1值; 属性2:属性2值;...}

其中，"选择符"代表了在网页中筛选出需要应用样式的内容。本章将主要介绍HTML选择符、类选择符、id选择符及伪类选择符四类选择符。

样式的属性和属性值为对该选择符所应用样式的具体设定；属性及属性值对之间使用分号隔开；所有属性及属性值之外使用花括号包含起来。

11.2 选择符

11.2.1 HTML选择符

绝大多数HTML标签都可以作为CSS的选择符，对网页中相关HTML元素进行筛选并设置样式。如【例11-1】所示，在样式中设置HTML元素中的<p>元素为CSS选择符，通过font-size和color属性分别对字号和颜色进行设置。

【例11-1】 HTML元素作为CSS选择符。

```
<html>
  <head>
    <style type="text/css">
      p{font-size:50px; color:blue;}
    </style>
  </head>
  <body>
      <p>第一行p标签中的文本，字号为50像素大小，颜色为蓝色。 </p>
      未包含于任何HTML标签中的文本。
      <b>包含于b标签中的文本，仅显示粗体。</b>
```

```
        <p>第二行 p 标签中的文本,字号为 50 像素大小,颜色为蓝色。  </p>
    </body>
</html>
```

上例页面文档中含有多个 HTML 元素,其中以 HTML 元素<p>为选择符在样式中设置的字号和颜色样式,仅应用于该文档的<p>元素中,对其他元素不起作用。上述代码的运行效果如图 11-1 所示。

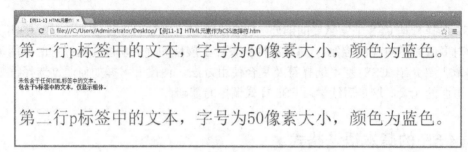

图 11-1　HTML 元素作为 CSS 选择符

11.2.2　类选择符

HTML 选择符仅能对页面中的某种 HTML 元素进行样式定义。但在整个页面中,一种 HTML 元素大多数情况下不会只有单一的样式进行显示。为了能够更加精确地筛选出要设置样式的 HTML 元素,可以使用类选择符。

类选择符的语法是需要在类名前加一个“.”。

```
.类名{属性 1:属性 1 值; 属性 2:属性 2 值;...}
选择符.类名{属性 1:属性 1 值; 属性 2:属性 2 值;...}
```

其中,可以直接使用“.类名”的格式,对属于该类的各种 HTML 元素进行样式设置;也可以使用“选择符.类名”的格式,比如这里的“选择符”是一个 HTML 选择符,那么将对该种 HTML 元素中的属于该类的那一部分 HTML 元素应用样式。需要注意的是,这里的“选择符”不仅指 HTML 选择符,可以是类选择符,也可以是其他的选择符。

除了在样式中进行设置外,还需要在文档正文中,为需要设置该样式的元素添加一个 class 属性,并赋值相同的类名。

```
<HTML 标签 class="类名"></HTML 标签>
```

【例 11-2】所示为使用类选择符设置 HTML 元素中相关类的样式。

【例 11-2】　类选择符作为 CSS 选择符。

```
<html>
    <head>
        <style type="text/css">
            .class1{font-size:50px; color:red;}
            p.class2{font-size:50px; color:blue;}
```

```
            </style>
        </head>
        <body>
            <p>该 p 元素没有设置 class 属性。</p>
            <p class="class1">该 p 元素设置 class 属性为 "class1"。</p>
            <div class="class1">该 div 元素设置 class 属性为 "class1"。</div>
            <p class="class2">该 p 元素设置 class 属性为 "class2"。</p>
        </body>
    </html>
```

上例页面文档中，设定 class 属性为 class1 的<p>元素和<div>元素，都应用了选择符为 ".class1" 的样式；第三个<p>元素设定 class 属性为 class2，则应用了选择符为 "p.class2" 的样式。上述代码的运行效果如图 11-2 所示。

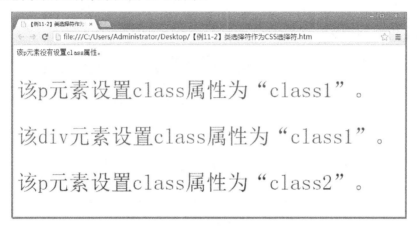

图 11-2 类选择符作为 CSS 选择符

11.2.3 id 选择符

通过类选择符，可以对页面中的一类 HTML 元素进行样式设置。而 id 选择符给了人们更加精确的设置 HTML 元素样式的方式：在相关 HTML 元素中，添加 id 属性。根据此 id 属性值，可以唯一标识该 HTML 元素。利用该 id 属性值作为 id 选择符，可以精确定位到需要设置样式的那个 HTML 元素。id 属性值唯一，即在整个页面文档中，一个 id 属性值只能对应一个 HTML 元素。

id 选择符的语法格式是需要在 id 前加一个 "#"。

#id{属性 1:属性 1 值; 属性 2:属性 2 值;...}

除了在样式中进行设置外，还需要在文档正文中，对需要设置该样式的 HTML 元素，添加一个 id 属性，并赋相同的值。

<HTML 标签 id="ID"></HTML 标签>

【例 11-3】所示为使用 id 选择符设置 HTML 元素中相关 HTML 元素的样式。

【例11-3】 id 选择符作为 CSS 选择符。

```html
<html>
  <head>
    <style type="text/css">
      #id1{font-size:50px; color:red;}
      #id2{font-size:50px; color:green;}
    </style>
  </head>
  <body>
    <p id="id1">该 p 元素设置 id 属性为 "id1"。</p>
    <p id="id2">该 p 元素设置 id 属性为 "id2"。</p>
  </body>
</html>
```

如图 11-3 所示为上例的运行效果。

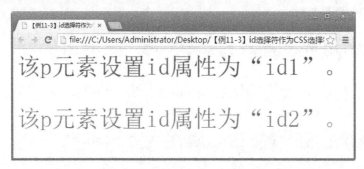

图 11-3　id 选择符作为 CSS 选择符

11.2.4　伪类选择符

伪类选择符可以支持处于不同状态的超链接以不同的样式进行显示。超链接的这些状态包括 link（初始或未被访问状态）、visited（已被访问状态）、hover（鼠标悬停状态）和 active（活动状态）。使用这些状态作为伪类选择符，可以为超链接的各个状态添加特殊的效果。其语法格式如下。

> a:状态{属性 1:属性 1 值; 属性 2:属性 2 值;...}

其中，在超链接元素<a>与状态之间要加上 ":"。

【例11-4】所示为使用伪类选择符设置超链接元素<a>中不同状态下的 HTML 元素的样式。

【例11-4】 id 选择符作为 CSS 选择符。

```html
<html>
  <head>
    <style type="text/css">
      a:link {color: blue}
      a:visited {color: red}
      a:hover {color: yellow}
```

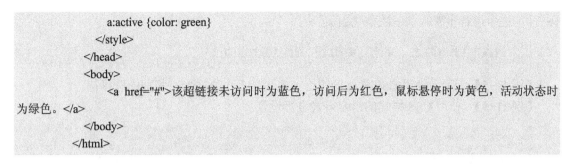

```
            a:active {color: green}
        </style>
    </head>
    <body>
        <a href="#">该超链接未访问时为蓝色，访问后为红色，鼠标悬停时为黄色，活动状态时
为绿色。</a>
    </body>
</html>
```

图 11-4 所示为上例中超链接元素分别处于四种状态时相应的运行效果。

图 11-4 超链接的四种状态

a) 超链接未访问时样式 b) 超链接鼠标悬停时样式 c) 鼠标点击超链接处于活动状态时样式 d) 超链接被访问后样式

11.3 CSS 的复合使用方式

11.3.1 CSS 样式的组合

为了更加灵活、精确、方便地控制样式，CSS 提供了三种复合使用的方式，包括 CSS 样式的组合、继承和关联。

其中，CSS 样式的组合使用方式是把具有相同样式定义的选择符组合在一起（用逗号隔开），集中进行设置。其语法格式如下。

选择符 1,选择符 2,...{属性 1:属性 1 值; 属性 2:属性 2 值;...}

【例 11-5】所示为使用 CSS 样式的组合方式设置多个样式定义相同的选择符。

【例 11-5】 使用 CSS 样式的组合方式进行设置。

```
<html>
  <head>
    <style type="text/css">
      p,div,b{font-size:50px;}
    </style>
  </head>
  <body>
    <p>通过组合方式设置 p 元素。</p>
    <div>通过组合方式设置 div 元素。</div>
    <b>通过组合方式设置 b 元素。</b>
  </body>
</html>
```

图 11-5 所示为上例的运行效果，其中通过 CSS 样式的组合方式设置的 p、div 及 b 元素内容均为 50px 大小的字号。

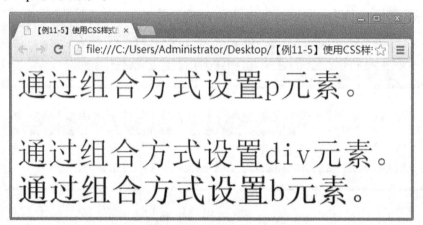

图 11-5　使用 CSS 样式的组合方式进行设置

11.3.2　CSS 样式的继承

若子元素的某种样式未定义，则它将继承上级元素的样式。

【例 11-6】所示为通过 CSS 样式的继承方式，使子元素继承了上级元素的样式。

【例 11-6】 使用 CSS 样式的继承方式。

```
<html>
  <head>
    <style type="text/css">
```

```
        div{font-size:50px}
      </style>
    </head>
    <body>
      <div><p>p 元素内容继承了上级元素——div 元素的样式设置，字号为 50px。</p></div>
    </body>
  </html>
```

图 11-6 所示为上例的运行效果，其中通过 CSS 样式的继承方式，<div>元素的子元素
<p>中的字号大小被设置为 50px。

图 11-6　使用 CSS 样式的继承方式

11.3.3　CSS 样式的关联

CSS 样式的关联使用方式，可以定义样式仅在某个特定范围内有效。其语法格式
如下。

> 选择符 1　选择符 2 …{属性 1:属性 1 值; 属性 2:属性 2 值;…}

其中，选择符之间使用空格，表示其之间的嵌套关系。

【例 11-7】所示为使用 CSS 样式的关联方式设置特定范围内的样式。

【例 11-7】　使用 CSS 样式的关联方式进行设置。

```
  <html>
    <head>
      <style type="text/css">
        p a{font-size:30px;}
        div p b{font-size:50px;}
      </style>
    </head>
    <body>
      <a href="#">未嵌套于 p 元素的超链接，不应用样式设置。</a>
      <p> <a href="#">嵌套于 p 元素的超链接，字号大小为 30px。</a></p>
      <p><b>未嵌套于 div 元素的 p 元素、b 元素，不应用样式设置。</b></p>
      <div><p><b>嵌套于 div 元素的 p 元素、b 元素，字号大小为 50px。</b></p></div>
    </body>
  </html>
```

图 11-7 所示为上例的运行效果，只有与样式定义的特定范围相同时，才能应用其样式。

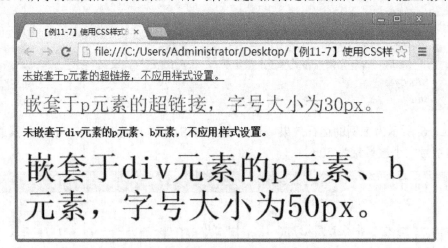

图 11-7　使用 CSS 样式的关联方式进行设置

11.4　实验与练习

在\<body>中添加以下内容，使其样式能够应用\<style>标签中定义的样式。

```
<html>
  <head>
    <style type="text/css">
      .exercise b{font-size:50px; color:red;}
    </style>
  </head>
  <body>

  </body>
</html>
```

第 12 章 CSS 的常用属性

前两章介绍了 CSS 的语法格式及选择符的使用，那么通过 CSS 可以对哪些属性进行控制呢？通过这些属性又能将页面元素设计成什么效果呢？本章将讲述 CSS 中的一些常见属性，包括字体、背景、文本、边距、边框、列表及伪类的用法。

12.1 字体属性

12.1.1 字体系列属性 font-family

font-family 用于规定元素的字体系列。该属性可以赋值多个字体名称，浏览器如果不支持第一个字体，则会尝试下一个。

有两种不同类型的字体系列可供选择。一种是特定字体系列，有 Times 字体、Courier 字体、Verdana 字体、Helvetica 字体及 Arial 字体等。另一种是通用字体系列，有 Serif 字体、Sans-serif 字体、Monospace 字体、Cursive 字体及 Fantasy 字体等。绝大多数情况下，用户安装的任何字体系列（包括上述的特定字体系列）都会归纳入某种通用字体系列中。因此，建议在设置 font-family 时，提供一个通用字体系列。这样，在客户端无法提供相应的、匹配的特定字体时，就可以设置为一个通用字体进行替代。

如例 12-1 所示，为使用 font-family 属性设置字体系列的实验。

【例 12-1】 使用 font-family 属性设置字体系列。

```
<html>
  <head>
    <style type="text/css">
      p{font-family: Times, Georgia, serif}
    </style>
  </head>
  <body>
    <p>被设置字体系列的段落。Font-family 属性值为 Times、Georgia 及 serif 三种字体。</p>
  </body>
</html>
```

在【例 12-1】中，客户端将根据自身支持的字体系列情况，对<p>元素的字体系列进行设置，取值顺序依次为 Times、Georgia 和 serif。上述代码的运行效果如图 12-1 所示。

图 12-1 使用 font-family 属性设置字体系列

12.1.2 字体风格属性 font-style

可以使用 font-style 属性定义字体的风格。该属性取值可为 normal（默认值）、italic（斜体）、oblique（倾斜）及 inherit（继承父元素字体样式）。

italic 和 oblique 两个属性是有区别的。在设计字体时，一般有正常、粗体和斜体等多种形式。但是有的字体并没有设计斜体的形式，这时如果设置了 italic 属性值，就没有倾斜的效果；而 oblique 属性则是让没有斜体属性的文字倾斜。

12.1.3 字体大小属性 font-size

可以使用 font-size 属性设置字体的大小。可以以像素为单位，对字体尺寸进行绝对大小的设置；也可以以百分号为单位，对字体尺寸相对于其父元素所规定的字体尺寸进行相对大小的设置。

【例 12-2】 使用 font-size 属性设置字体大小。

```
<html>
  <head>
    <style type="text/css">
      p{font-size:100px}
      span{font-size:200%}
    </style>
  </head>
  <body>
      <p>字体绝对大小设置：设置字体尺寸为 100px。 </p>
      <span>字体相对大小设置：设置字体尺寸相对于其父元素所设置字体尺寸的 200%大小。
</span>
      父元素所设置字体尺寸。
  </body>
</html>
```

运行效果如图 12-2 所示。

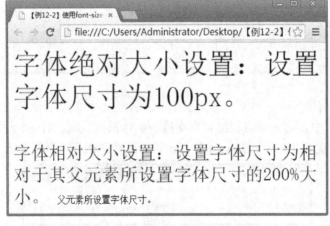

图 12-2 使用 font-size 属性设置字体大小

12.1.4 字体综合属性 font

可以将多种字体样式的设置简写在 font 属性中，从而一次设置字体的多种样式。

设置时，可以按顺序设置以下字体样式属性：font-style（字体风格）、font-variant（将字母转化为小写、大写字母）、font-weight（设置文字笔画的粗细）、font-size/line-height（字体大小和行高）和 font-family（字体系列）。其中，可以不用全部列出这些样式的属性值，未设置的样式属性值会使用其默认值。

【例 12-3】所示为使用 font 属性，简易、综合地设置字体。

【例 12-3】 使用 font 属性综合设置字体样式。

```
<html>
  <head>
    <style type="text/css">
      p{font: oblique small-caps bold 30px/50px arial,sans-serif}
    </style>
  </head>
  <body>
      <p>字体绝对大小设置：设置字体尺寸为 100px。 </p>
      <span>字体相对大小设置：设置字体尺寸相对于其父元素所设置字体尺寸的200%大小。 </span>
      父元素所设置字体尺寸。
  </body>
</html>
```

运行效果如图 12-3 所示。

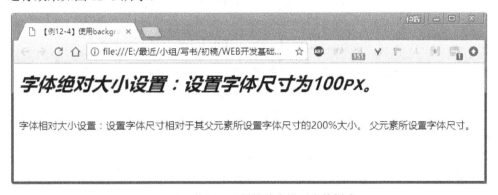

图 12-3 使用 font 属性综合设置字体样式

12.2 背景属性

12.2.1 背景颜色属性 background-color

可以使用 background-color 属性设置 HTML 元素的背景颜色，如【例 12-4】所示。

【例 12-4】 使用 background-color 属性设置背景颜色。

```
<html>
  <head>
    <style type="text/css">
      p{background-color: red}
      div{background-color: #00FF00}
      span{background-color: rgb(0,0,255)}
    </style>
  </head>
  <body>
      <p>p 元素的背景颜色为红色。</p>
      <div>div 元素的背景颜色值为#00FF00。 </div>
      <span> span 元素背景颜色值为 rgb(0,0,255)。</span>
  </body>
</html>
```

运行效果如图 12-4 所示。

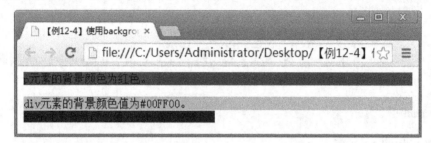

图 12-4 使用 background-color 属性设置背景颜色

12.2.2 背景图片属性 background-image、background-repeat

可以使用 background-image 属性设置 HTML 元素的背景图像。可以使用 background-repeat 属性规定如何重复背景图像，取值可为 repeat（背景图像将在垂直方向和水平方向重复）、repeat-x（背景图像将在水平方向重复）、repeat-y（背景图像将在垂直方向重复）及 no-repeat（背景图像不重复，仅显示一次）。

【例 12-5】 所示为使用 background-image 和 background-repeat 属性来设置背景图片。

【例 12-5】 使用 background-image 和 background-repeat 属性设置背景图片。

```
<html>
  <head>
    <style type="text/css">
      div{height:100px;width:500px;
          background-image:url(image/caihong.jpg);
          background-repeat:repeat-x}
    </style>
  </head>
  <body>
```

```
            水平方向上重复背景图片。
            <div></div>
        </body>
    </html>
```

运行效果如图 12-5 所示，在水平方向上重复背景图片。

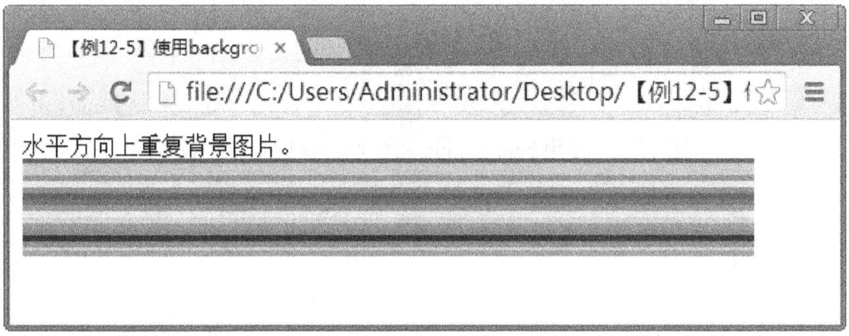

图 12-5　使用 background-image 和 background-repeat 属性设置背景图片

12.2.3　背景综合属性 background

使用 background 属性，可以在一个声明中综合设置所有背景属性。background 属性值可以按以下顺序设置：background-color（背景颜色）、background-image（背景图片）、background-repeat（背景图片的重复模式）、background-attachment（背景图片是否固定）和background-position（背景图片的起始位置）。

其中，可以设置 background-attachment 的属性值为 fixed，使得背景图片呈现水印效果，不随页面其他元素的滚动而滚动；通过 background-position 属性可以设置背景图片的起始位置，需要注意的是在使用该属性时，要将 background-attachment 的属性值设为 fixed。

【例 12-6】所示为使用 background 属性来对背景进行综合设置。

【例 12-6】　使用 background 属性对背景进行综合设置。

```
    <html>
        <head>
            <style type="text/css">
                body
                    {background: #00FF00 url(image/caihong.jpg) no-repeat fixed 10% 80%}
            </style>
        </head>
        <body>
                背景颜色设置为绿色；以非重复的、水印效果的方式引入背景图片，背景图片的起始位
置使用相对位置进行设置。
        </body>
    </html>
```

运行效果如图 12-6 所示。

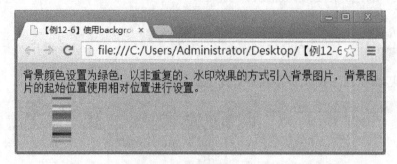

图 12-6　使用 background 属性对背景进行综合设置

12.3　文本属性

12.3.1　颜色属性 color

可以使用 color 属性设定元素中文本的颜色，如【例 12-7】所示。

【例 12-7】　使用 color 属性设定元素内的文本颜色。

```
<html>
  <head>
    <style type="text/css">
      body{color: red}
      div{color: #00FF00}
      p{color: rgb(0,0,255)}
    </style>
  </head>
  <body>
    网页正文的默认颜色为红色；
    <div>div 中的文本颜色设定为绿色；</div>
    <p>p 中的文本颜色设定为蓝色。</p>
  </body>
</html>
```

图 12-7 所示为使用 color 属性设定元素内的文本颜色的效果。

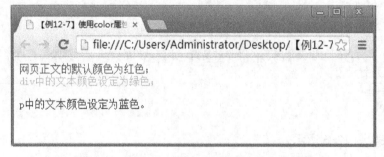

图 12-7　使用 color 属性设定元素内的文本颜色

12.3.2　文本修饰属性 text-decoration

可以使用 text-decoration 属性对文本进行修饰，取值包括 overline、line-through 和 underline 等。【例 12-8】所示为使用 text-decoration 属性来修饰文本。

【例 12-8】　使用 text-decoration 属性修饰文本。

```html
<html>
  <head>
    <style type="text/css">
      p.overline {text-decoration: overline}
      p.line-through {text-decoration: line-through}
      p.underline {text-decoration: underline}
    </style>
  </head>
  <body>
    <p>overline 的修饰效果；</p>
    <p>line-through 的修饰效果；</p>
    <p>underline 的修饰效果；</p>
  </body>
</html>
```

图 12-8 所示为【例 12-8】的运行效果。

图 12-8　使用 text-decoration 属性修饰文本

12.3.3　对齐方式属性 text-align

可以使用 text-align 属性设定元素中文本的水平对齐方式，如【例 12-9】所示。

【例 12-9】　使用 text-align 属性设置元素中文本的水平对齐方式。

```html
<html>
  <head>
    <style type="text/css">
      p {text-align: center; width: 500px}
```

```
        </style>
      </head>
      <body>
          <p>p 元素宽度为 200px，元素中内容居中显示。</p>
      </body>
    </html>
```

图 12-9 所示为【例 12-9】的运行效果。

图 12-9　使用 text-align 属性来设置元素中文本的水平对齐方式

12.3.4　行高属性 line-height

可以使用 line-height 属性设置行高。属性值可以使用相对当前字体尺寸的百分比或倍数来设置行高，也可以使用像素来设置绝对的行高。【例 12-10】所示为使用 line-height 属性来设置行高。

【例 12-10】　使用 line-height 属性设置行高。

```
    <html>
      <head>
        <style type="text/css">
          p.firstset {line-height: 300%}
          p.secondset {line-height: 1.5}
          p.thirdset {line-height: 50px}
        </style>
      </head>
      <body>
          <p>元素 p 的默认行高（第一行）；</p>
          <p>元素 p 的默认行高（第二行）；</p>
          <p class="firstset">元素 p 的 300%行高（第一行）；</p>
          <p class="firstset">元素 p 的 300%行高（第二行）；</p>
          <p class="secondset">元素 p 的 1.5 倍行高（第一行）；</p>
          <p class="secondset">元素 p 的 1.5 倍行高（第二行）；</p>
          <p class="thirdset">元素 p 的 50px 行高（第一行）；</p>
          <p class="thirdset">元素 p 的 50px 行高（第二行）。</p>
      </body>
    </html>
```

图 12-10 所示为【例 12-10】的运行效果。

图 12-10　使用 line-height 属性设置行高

12.4　边距属性

12.4.1　外边距属性

可以使用 margin 属性依次设置上、右、下、左（按顺时针方向）四个外边距，语法格式如下。

选择符　{margin: top right bottom left}

在设置 margin 属性时，如果略写了某外边距的值，所遵循的设置原则如下。
- 如果缺少左外边距，则使用右外边距来作为左外边距的值。
- 如果缺少下外边距，则使用上外边距来作为下外边距的值。
- 如果缺少右外边距，则使用上外边距来作为右外边距的值。
实际应用中，可以简单地将上述原则归纳到几种略写情况的应用中。
- margin 属性只设了三个值。

选择符　{margin: 属性值 1　属性值 2　属性值 3}

上述设置等同于下列完整的设置方式。

选择符　{margin: 属性值 1　属性值 2　属性值 3　属性值 2}

- margin 属性只设了两个值。

上述设置等同于下列完整的设置方式。

● margin 属性只设了一个值。

上述设置等同于下列完整的设置方式。

对于 margin 属性的值，可以使用相对于当前父元素 width 属性的百分比来设置相对行高，也可以使用像素来设置绝对行高。

除使用 margin 对四个外边距进行设置外，也可以使用 margin-top 单独设置上外边距；使用 margin-right 单独设置右外边距；可以使用 margin-bottom 单独设置下外边距；可以使用 margin-left 单独设置左外边距。

【例 12-11】所示为使用 margin、margin-top、margin-right、margin-bottom 和 margin-left 属性来设置相应元素的外边距属性。

【例 12-11】 使用 margin、margin-top、margin-right、margin-bottom 和 margin-left 属性设置外边距。

```
<html>
  <head>
    <style type="text/css">
      p.top {margin-top: 100px}
      p.right {margin-right: 100px}
      p.bottom {margin-bottom: 100px}
      p.left {margin-left: 100px}
      p.all {margin: 100px 100px 100px 100px}
      p.center {margin: 50px auto;width:800px}
    </style>
  </head>
  <body>
    <p class="top">元素 p 的上外边距为 100px（第一行）; </p>
    <p class="right">元素 p 的右外边距为 100px（第二行）; 元素 p 的右外边距为 100px（第
二行）; 元素 p 的右外边距为 100px（第二行）; 元素 p 的右外边距为 100px（第二行）; 元素 p 的右外边
距为 100px（第二行）; 元素 p 的右外边距为 100px（第二行）; </p>
    <p class="bottom">元素 p 的下外边距为 100px（第三行）; </p>
    <p class="left">元素 p 的左外边距为 100px（第四行）; </p>
    <p class="all">元素 p 的上、右、下、左外边距均为 100px（第五行）; 元素 p 的上、右、
下、左外边距均为 100px（第五行）; 元素 p 的上、右、下、左外边距均为 100px（第五行）; 元素 p 的
上、右、下、左外边距均为 100px（第五行）; </p>
    <p class="center">通过设置 margin 属性中的左、右外边距为 auto，可以将元素 p 内容居中
```

显示（第五行）。通过设置 margin 属性中的左、右外边距为 auto，可以将元素 p 内容居中显示（第五行）。</p>
        </body>
      </html>

图 12-11 所示为【例 12-11】的运行效果。

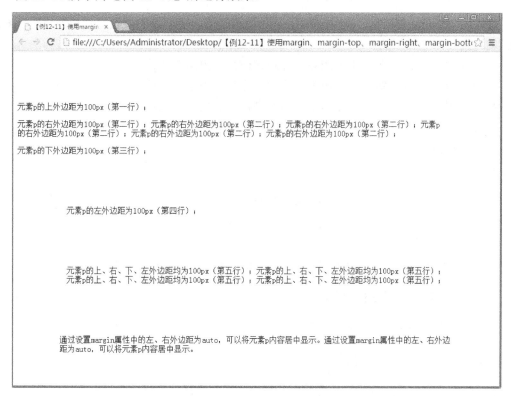

图 12-11　设置外边距实例

上述运行效果中，"第六行"<p>元素通过设置 margin 属性的左、右外边距为 auto，而使得该<p>元素内容居中显示。需要注意的是，该段代码在 IE 浏览器中运行的结果并非居中显示。这是因为，如果 HTML 文件未定义文档类型（DOCTYPE）的话，浏览器将以怪异模式（Quirks Mode）来解析该 HTML 文档。对于 IE 浏览器来说，这意味着将以 IE 5.5 的方式来解析 HTML 文档，而 IE 6 及其后的浏览器才支持 margin 属性中的 auto 设置，IE 5.5 之前的不支持，这样将不能正常显示居中效果；而对于其他浏览器来说，仍然可以正常显示居中效果，因为它们在怪异模式下仍能识别 margin:auto。

让 IE 浏览器能够正常显示居中效果的解决方法是，在 HTML 文档起始处加上对当前文档类型的声明。

      <!DOCTYPE html>

其中，"!DOCTYPE"标签是一种标准通用标记语言的文档类型声明，它的目的是告诉标准通用标记语言解析器，应该使用什么样的文档类型定义（DTD）来解析相关文档。

12.4.2　内边距属性

可以使用 padding 属性依次设置上、右、下、左（按顺时针方向）四个内边距，语法格式如下。

> 选择符　{padding: top right bottom left}

在设置 padding 属性时，如果略写了某内边距的值，所遵循的设置原则与外边距 margin 属性的设置原则是相似的。

- 如果缺少左内边距，则使用右内边距来作为左内边距的值。
- 如果缺少下内边距，则使用上内边距来作为下内边距的值。
- 如果缺少右内边距，则使用上内边距来作为右内边距的值。

实际应用中，可以简单地将上述原则归纳到几种略写情况的应用中（与外边距 margin 属性设置原则相似）。

- padding 属性只设了三个值。

> 选择符　{padding: 属性值 1 属性值 2 属性值 3}

上述设置等同于下列完整的设置方式。

> 选择符　{padding: 属性值 1 属性值 2 属性值 3 属性值 2}

- padding 属性只设了两个值。

> 选择符　{padding: 属性值 1 属性值 2}

上述设置等同于下列完整的设置方式。

> 选择符　{padding: 属性值 1 属性值 2 属性值 1 属性值 2}

- padding 属性只设了一个值。

> 选择符　{padding: 属性值 1}

上述设置等同于下列完整的设置方式。

> 选择符　{padding: 属性值 1 属性值 1 属性值 1 属性值 1}

对于 padding 属性的值，可以使用相对于当前父元素 width 属性的百分比来设置相对行高，也可以使用像素来设置绝对行高。

除使用 padding 对四个内边距进行设置外，也可以使用 padding-top 单独设置上内边距；使用 padding-right 单独设置右内边距；使用 padding-bottom 单独设置下内边距；使用 padding-left 单独设置左内边距。

【例 12-12】所示为使用 padding、padding-top、padding-right、padding-bottom 和 padding-left 属性来设置相应元素的内边距属性。

【例 12-12】　使用 padding、padding-top、padding-right、padding-bottom 和 padding-left

属性设置内边距。

```
<html>
  <head>
    <style type="text/css">
      p{border-width:1px; border-style:solid; border-color:#000000}
      p.top {padding-top: 100px}
      p.right {padding-right: 100px}
      p.bottom {padding-bottom: 100px}
      p.left {padding-left: 100px}
      p.all {padding: 100px 100px 100px 100px}
    </style>
  </head>
  <body>
    <p class="top">元素 p 的上内边距为 100px（第一行）；</p>
    <p class="right">元素 p 的右内边距为 100px（第二行）；元素 p 的右内边距为 100px（第
二行）；元素 p 的右内边距为 100px（第二行）；元素 p 的右内边距为 100px（第二行）；元素 p 的右内边
距为 100px（第二行）；元素 p 的右内边距为 100px（第二行）；</p>
    <p class="bottom">元素 p 的下内边距为 100px（第三行）；</p>
    <p class="left">元素 p 的左内边距为 100px（第四行）；</p>
    <p class="all">元素 p 的上、右、下、左内边距均为 100px（第五行）。元素 p 的上、右、
下、左内边距均为 100px（第五行）。元素 p 的上、右、下、左内边距均为 100px（第五行）。元素 p 的
上、右、下、左内边距均为 100px（第五行）。</p>
  </body>
</html>
```

图 12-12 所示为【例 12-12】的运行效果。

图 12-12　设置内边距实例

12.5 边框属性

12.5.1 边框基本属性

1. 边框宽度属性 border-width

可以使用 border-width 属性依次设置上、右、下、左（按顺时针方向）四条边框的宽度，语法格式如下。

选择符　{border-width: top right bottom left}

在设置 border-width 属性时，如果略写了某边框宽度的值，所遵循的设置原则与 12.4 节边距属性的设置原则是相似的，在此不再赘述。

border-width 属性值可以为 thin（细边框）、medium（中等边框，默认值）、thick（粗边框），以及使用像素来自定义宽度值。

2. 边框风格属性 border-style

可以使用 border-style 属性依次设置上、右、下、左（按顺时针方向）四条边框的样式，语法格式如下。

选择符　{border-style: top right bottom left}

在设置 border-style 属性时，如果略写了某边框宽度的值，所遵循的设置原则与 12.4 节边距属性的设置原则是相似的，在此不再赘述。

brder-style 可以取如表 12-1 所示的若干属性值。

表 12-1　border-styles 属性值

属 性 值	说　　明
none	无边框
dotted	点线
dashed	虚线
solid	实线
double	双线
groove	凹槽
ridge	垄状
inset	整体呈三维凹槽效果
outset	整体呈三维凸起效果

3. 边框颜色属性 border-color

可以使用 border-color 属性来依次设置上、右、下、左（按顺时针方向）四条边框的颜色，语法格式如下。

选择符　{border-color: top right bottom left}

在设置 border-color 属性时，如果略写了某边框颜色的值，所遵循的设置原则与 12.4 节边距属性的设置原则是相似的，在此不再赘述。

【例 12-13】所示为使用 border-width、border-style 和 border-color 属性来设置边框的宽度、样式、颜色。

【例 12-13】 使用 border-width、border-style 和 border-color 属性设置边框的宽度、样式及颜色。

```
<html>
  <head>
    <style type="text/css">
      p{border-width: 1px 5px 10px 15px;
        border-style: dotted solid outset double;
        border-color:red green blue black}
    </style>
  </head>
  <body>
    <p>p 元素的上边框宽度为 1px；右边框宽度为 5px；下边框宽度为 10px；左边框宽度为 15px。
    p 元素的上边框样式为 dotted；右边框样式为 solid；下边框样式为 outset；左边框样式为 double。
    p 元素的上边框颜色为红色；右边框颜色为绿色；下边框颜色为蓝色；左边框颜色为黑色。
    </p>
  </body>
</html>
```

图 12-13 所示为【例 12-13】的运行效果。

图 12-13　使用 border-width、border-style、border-color 属性设置边框的宽度、样式和颜色

12.5.2　边框综合属性

使用 border 属性，可以依次设置边框宽度、边框样式和边框颜色，语法格式如下。

　　选择符 {border: border-width border-style border-color}

需要注意的是，border 属性仅能对全部四个边框的上述三种属性进行设置。如果想对某一个边框进行更加详细的设置，可以使用 border-top、border-right、border-bottom 和 border-left 这 4 个属性进行设置。例如，设置上边框的宽度、样式和颜色，语法格式如下。

　　选择符{border-top: border-width border-style border-color}

对上述边框的综合属性进行设置时，允许不设置其中的某些属性值，即可以仅设置边框宽度、样式和颜色三种属性中的一种或两种。

【例 12-14】所示为使用边框综合属性 border、border-top、border-right、border-bottom 和 border-left 来设置边框的宽度、样式及颜色。

【例 12-14】 使用边框综合属性 border、border-top、border-right、border-bottom 和 border-left 来设置边框的宽度、样式及颜色。

```
<html>
  <head>
    <style type="text/css">
        p.border{border: 10px inset}
        p.border-top{border-top: 10px dotted green}
        p.border-right{border-right: 10px double blue}
        p.border-bottom{border-bottom: 10px dashed yellow}
        p.border-left{border-left: 10px ridge brown}
    </style>
  </head>
  <body>
    <p class="border">p 元素的四个边框宽度为 10px，样式为 inset，颜色未设置。
    </p>
    <p class="border-top">p 元素的上边框宽度为 10px，样式为 dotted，颜色为绿色。
    </p>
    <p class="border-right">p 元素的右边框宽度为 10px，样式为 double，颜色为蓝色。
    </p>
    <p class="border-bottom">p 元素的下边框宽度为 10px，样式为 dashed，颜色为黄色。
    </p>
    <p class="border-left">p 元素的左边框宽度为 10px，样式为 ridge，颜色为棕色。
    </p>
  </body>
</html>
```

图 12-14 所示为【例 12-14】的运行效果。

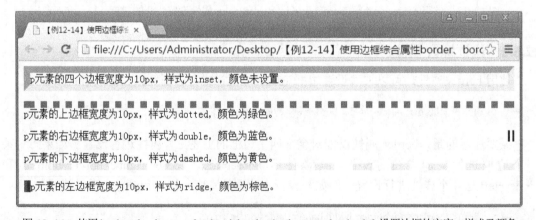

图 12-14　使用 border、border-top、border-right、border-bottom、border-left 设置边框的宽度、样式及颜色

12.6 列表属性

12.6.1 列表项标志类型属性 list-style-type

可以使用 list-style-type 属性设置列表项标志的类型。list-style-type 的属性值及说明如表 12-2 所示。

表 12-2　list-style-type 属性值

属　性　值	说　　明
none	无标志
disc	实心圆形，默认值
circle	空心圆形
square	实心方块
decimal	数字
decimal-leading-zero	0 开头的数字，如 01, 02, 03…
lower-roman	小写罗马数字，如 i, ii, iii…
upper-roman	大写罗马数字，如 I, II, III…
lower-latin	小写拉丁字母，如 a, b, c…
upper-latin	大写拉丁字母，如 A, B, C…

【例 12-15】所示为使用 list-style-type 属性来设置列表项标志的类型。

【例 12-15】　使用 list-style-type 属性设置列表项标志的类型。

```html
<html>
  <head>
    <style type="text/css">
      ul.disc {list-style-type: disc}
      ul.circle {list-style-type: circle}
      ul.square {list-style-type: square}
      ol.decimal {list-style-type: decimal}
      ol.lower-roman {list-style-type: lower-roman}
      ol.upper-alpha {list-style-type: upper-alpha}
    </style>
  </head>
  <body>
    <ul class="disc">
      <li>无序列表实心圆第一项</li>
      <li>无序列表实心圆第二项</li>
      <li>无序列表实心圆第三项</li>
    </ul>
    <ul class="circle">
      <li>无序列表空心圆第一项</li>
      <li>无序列表空心圆第二项</li>
      <li>无序列表空心圆第三项</li>
```

```
        </ul>
        <ul class="square">
            <li>无序列表实心方块第一项</li>
            <li>无序列表实心方块第二项</li>
            <li>无序列表实心方块第三项</li>
        </ul>
        <ol class="decimal">
            <li>有序列表数字第一项</li>
            <li>有序列表数字第二项</li>
            <li>有序列表数字第三项</li>
        </ol>
        <ol class="lower-roman">
            <li>有序列表小写罗马数字第一项</li>
            <li>有序列表小写罗马数字第二项</li>
            <li>有序列表小写罗马数字第三项</li>
        </ol>
        <ol class="upper-latin">
            <li>有序列表大写拉丁字母第一项</li>
            <li>有序列表大写拉丁字母第二项</li>
            <li>有序列表大写拉丁字母第三项</li>
        </ol>
    </body>
</html>
```

图 12-15 所示为【例 12-15】的运行效果。

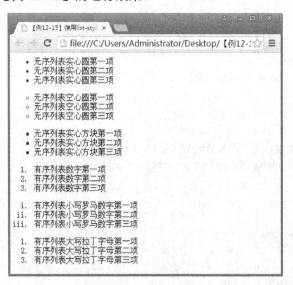

图 12-15　使用 list-style-type 属性设置列表项标志的类型

12.6.2　列表项标志位置属性 list-style-position

可以使用 list-style-position 属性设置列表项标志的位置属性。其取值包括 outside（标志

与列表项内容非一体，不占用列表项内容的宽度，放置在列表项内容以外）和 inside（标志
与列表项内容为一体，占用列表项内容的宽度，放置在列表项内容之内）。

【例 12-16】所示为使用 list-style-postion 属性来设置列表项标志的位置。

【**例 12-16**】 使用 list-style-postion 属性设置列表项标志的位置。

```
<html>
  <head>
    <style type="text/css">
      ul.disc {list-style-type: disc}
      li {border:1px solid black; width:300px}
      ul.inside {list-style-position: inside}
      ul.outside {list-style-position: outside}
    </style>
  </head>
  <body>
    <p>列表标志位置属性值为 inside:</p>
    <ul class="inside">
      <li>标志占用列表项宽度，与列表项内容为一体，li 元素边框将标志进行了包含；</li>
      <li>标志占用列表项宽度，与列表项内容为一体，li 元素边框将标志进行了包含；</li>
      <li>标志占用列表项宽度，与列表项内容为一体，li 元素边框将标志进行了包含。</li>
    </ul>
    <p>列表标志位置属性值为 outside:</p>
    <ul class="outside">
      <li>标志不占用列表项宽度，放置在列表项内容之外，li 元素边框未将标志包含进；</li>
      <li>标志不占用列表项宽度，放置在列表项内容之外，li 元素边框未将标志包含进来；</li>
      <li>标志不占用列表项宽度，放置在列表项内容之外，li 元素边框未将标志包含进来。</li>
    </ul>
  </body>
</html>
```

图 12-16 所示为【例 12-16】的运行效果。

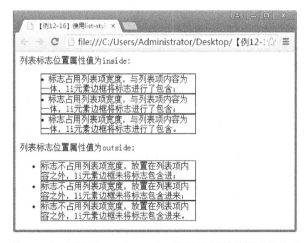

图 12-16　使用 list-style-postion 属性设置列项标志的位置

12.6.3 列表项标志图像属性 list-style-image

可以使用 list-style-image 属性将列表项标志设置为自定义的图像，属性值为相关图像的 URL 地址。

【例 12-17】所示为使用 list-style-image 属性来设置列表项标志的图像。

【**例 12-17**】 使用 list-style-image 属性设置列表项标志的图像。

```
<html>
  <head>
    <style type="text/css">
      ul {list-style-image: url("image/caihong.gif")}
    </style>
  </head>
  <body>
    <ul>
      <li>自定义列表图像；</li>
      <li>自定义列表图像；</li>
      <li>自定义列表图像。</li>
    </ul>
  </body>
</html>
```

图 12-17 所示为【例 12-17】的运行效果。

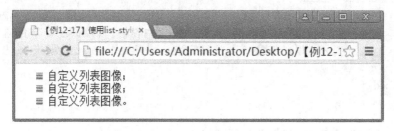

图 12-17   使用 list-style-image 属性设置列表项标志的图像

12.6.4 列表项综合属性 list-style

可以使用 list-style 属性依次设置列表项标志的类型、位置和图像，语法格式如下。

选择符 {list-style: type position image }

对上述列表项的综合属性进行设置时，允许不设置其中的某些属性值，即可以仅设置列表项类型、位置和图像三种属性中的一种或两种。

【例 12-18】所示为使用 list-style 属性来依次设置列表项标志的类型、位置和图像。

【**例 12-18**】 使用 list-style 属性综合设置列表项标志的类型、位置和图像。

```
<html>
  <head>
    <style type="text/css">
```

```
        ul.image {list-style: square inside url("image/caihong.gif")}
        ul.noimage {list-style: square inside url("image/noimage.gif")}
    </style>
</head>
<body>
    <p>列表项标志图像加载成功：</p>
    <ul class="image">
        <li>使用 list-style 属性综合设置列表项标志的类型、位置和图像；</li>
        <li>使用 list-style 属性综合设置列表项标志的类型、位置和图像；</li>
        <li>使用 list-style 属性综合设置列表项标志的类型、位置和图像。</li>
    </ul>
    <p>列表项标志图像加载不成功：</p>
    <ul class="noimage">
        <li>使用 list-style 属性综合设置列表项标志的类型、位置和图像；</li>
        <li>使用 list-style 属性综合设置列表项标志的类型、位置和图像；</li>
        <li>使用 list-style 属性综合设置列表项标志的类型、位置和图像。</li>
    </ul>
</body>
</html>
```

图 12-18 所示为【例 12-18】的运行效果。注意，当同时设定了列表项标志的类型和图像时，在图像能够加载成功时，列表项标志显示为图像；否则，显示为所设定的列表项标志的类型。

图 12-18 使用 list-style 属性综合设置列表项标志的类型、位置和图像

12.7 伪类:link、:visited、:hover、:active

伪类可以为某些元素添加一些特殊的样式效果。这里介绍以下 4 种伪类。
- 使用:link 伪类，可以向未访问的超链接添加一些样式效果。
- 使用:visited 伪类，可以向已访问的超链接添加一些样式效果。
- 使用:hover 伪类，可以向鼠标悬浮的元素添加一些样式效果。

● 使用:active 伪类，可以向被激活的元素添加一些样式效果。

【例 12-19】所示为使用:link、:visited、:hover 和:active 伪类来为超链接元素添加一些特殊样式效果。

【例 12-19】 使用:link、:visited、:hover 和:active 伪类设置超链接元素样式。

```html
<html>
  <head>
    <style type="text/css">
      a:link {color: blue}
      a:visited {color: red}
      a:hover {color:#CCCCCC; font-style:italic; font-size:20px}
      a:active {color: green; font-style:normal; font-size:20px}         </style>
  </head>
  <body>
    <a href="#">
    <ul>
    <li>该超链接元素未被访问时，元素内容为蓝色（:link）；</li>
    <li>被访问后，元素内容为红色（:visited）；</li>
    <li>鼠标悬浮于超链接元素上时，元素内容颜色为#CCCCCC、字体为斜体、字体大小为
20px；</li>
        <li>鼠标点击激活超链接元素时，元素内容颜色为绿色、字体为普通、字体大小为
20px。</li>
      </ul>
    </a>
  </body>
</html>
```

图 12-19 所示为【例 12-19】的运行效果。注意，W3C 制定的规范中指出，上述四个伪类的声明顺序应该是：:link、:visited、:hover、:active。其中，:hover 伪类必须放置在:link 和:visited 之后设置，否则将隐藏:hover 内设置的相同样式；:active 应放在:hover 之后设置，否则:active 中的相同规则将被隐藏。需要说明的是，在 IE 浏览器中:hover 伪类可以放置在任意位置，不会影响样式显示效果。

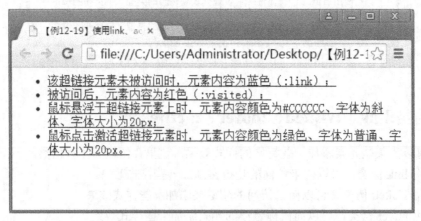

图 12-19　使用:link、:visited、:hover 和:active 伪类设置超链接元素样式

12.8 实验与练习

编写一个网页，使用 CSS 来设置相应元素的样式，要求如下。

1）使用无序列表，列出百度（http://www.baidu.com）、126 邮箱（http://www.126.com）和搜狐（http://www.sohu.com）等网站名称。

2）点击这些网站名称，即可打开相应的网站。

3）网站未被访问时，网站名称为蓝色（:link）；被访问后，网站名称为红色（:visited）；鼠标悬浮于网站名称上时，元素内容颜色为#CCCCCC、字体为斜体、字体大小为 20px；鼠标点击网站名称时，元素内容颜色为绿色、字体为普通、字体大小为 20px。

4）将上述无序列表置于一个宽度为 500px、高度为 300px、边框为黄色虚线的矩形框内，并使得该矩形框在页面居中显示。

第13章 CSS的定位方式

CSS定位属性允许用户对元素进行定位，通过这些定位方式可以将相关元素灵活地显示在想要的位置。通过本章的学习，掌握几种主要定位方式的使用方法。

13.1 定位相关基础知识

1. CSS的三种主要定位机制

CSS提供了强大的定位功能，支持用户将相关元素灵活地显示于预定位置。CSS有三种定位机制，分别为普通流、浮动和绝对定位。

- 普通流是指除特殊设定定位方式外，元素默认使用的定位机制。
- 浮动是指浮动元素脱离普通流，向指定方向进行浮动定位。
- 绝对定位是指绝对定位元素脱离普通流，参考最近的已定位的祖先元素，根据相应坐标属性进行定位。

2. CSS定位应用中的相关基本概念——块级元素

CSS的定位一般是应用块级元素进行的。这里对块级元素和内联元素进行讲解。

- 块级元素：即以块显示的元素，如<div>、<p>等元素。块级元素每次都占据一整行，块级元素前面和后面的内容都被另起一行显示，并且可以对块级元素设置高度和宽度。当然，非块级元素也可以通过设置display属性值为block，更改为块级元素。
- 内联元素：与块级元素相反，不会独自占据一行，并且其高度、宽度都是不可以设置的，如<a>、<span>等。非块级元素均是内联元素。当然，块级元素也可通过设置display属性值为inline，更改为内联元素。

3. CSS的四种主要定位方式

在CSS定位机制提出之前，元素按照自身默认的状态进行定位，属于普通流定位机制，可以称之为普通流定位方式。其一般使用<table>元素帮助定位和布局设置。另外，也可以通过设定相应块级元素的高度、宽度、内边距、外边距和边框宽度等属性，进行显示位置的调整。

除普通流定位方式外，CSS定位又给出了三种主要的、功能强大的定位方式。

1）相对定位，是指应用相对定位的元素相对于其应该出现的位置，在上、右、下、左方向上偏移某个距离进行显示。相对定位属于普通流定位机制，应用相对定位的元素虽然以偏移位置进行显示，但其原本所占的空间仍将保留。

2）绝对定位，是指应用绝对定位的元素相对于最近的已定位的祖先元素，在上、右、下、左方向上偏移某个距离进行显示。若没有已定位的祖先元素，就相对于最初的包含块进行偏移。绝对定位是独特的定位机制，不属于普通流定位机制，应用绝对定位的元素原先在普通流中所占的空间会关闭，像该元素原来不存在一样。

3）浮动定位，是指应用浮动定位的元素将脱离普通流向左或向右进行浮动，直到碰到包含块的边沿。由于浮动框不在普通流中，所以普通流中的块框表现得就像浮动框不存在一样，可以重叠或覆盖。虽然浮动定位不属于普通流，但与绝对定位不同的是，应用浮动定位的元素在浮动后，会使其旁边的文字形成环绕的效果。

13.2　相对定位

使用相对定位时，需要将 position 属性设置为 relative；偏移距离可以通过 top、right、bottom、left 属性对上、右、下、左四个方向的偏移量进行设置，单位可以为像素，语法格式如下。

```
选择符 {
    position: relative;
    top: Apx;
    right: Bpx;
    bottom: Cpx;
    left: Dpx;
}
```

根据上述属性进行设置，对相关元素应用相对定位后，该元素将相对原位置进行偏移。【例 13-1】所示为使用相对定位方式设置元素显示位置。

【例 13-1】　使用相对定位方式设置元素显示位置。

```
<html>
  <head>
    <style type="text/css">
      div.normal{width: 100px; height: 100px; border: 1px dashed red}
      div.relative{position: relative; top: 50px; left: 150px; width: 100px; height: 100px; border: 1px
dotted blue}
    </style>
  </head>
  <body>
    <div class="normal">1、普通流定位元素；</div>
    <div class="relative">2、相对定位元素；</div>
    <div class="normal">3、普通流定位元素。</div>
  </body>
</html>
```

在【例 13-1】中，使用了普通流定位和相对定位两种定位方式。其中，使用 top 和 left 两个属性，分别设置相对于原来位置上侧和左侧方向偏移 50px 和 100px。另外，由于相对定位仍然属于普通流定位，所以虽然应用相对定位的元素较原位置进行了偏移，但原位置仍然占据着普通流的空间。如图 13-1 所示，3 号普通流定位元素仍然不能占据 2 号相对定位元素进行偏移前所占据的空间。

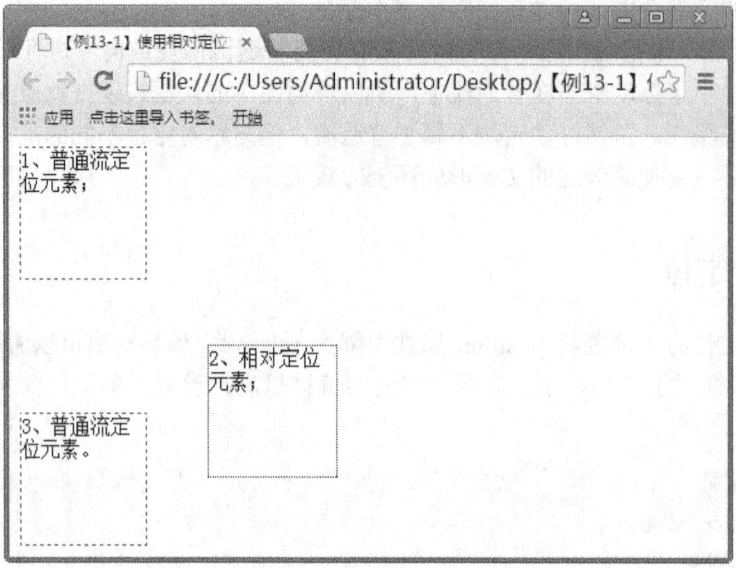

图 13-1　使用相对定位方式设置元素显示位置

13.3　绝对定位

使用绝对定位时，需要将 position 属性设置为 absolute；偏移距离可以通过 top、right、bottom、left 属性对上、右、下、左四个方向的偏移量进行设置，单位可以为像素，语法格式如下。

```
选择符 {
    position: absolute;
    top: Apx;
    right: Bpx;
    bottom: Cpx;
    left: Dpx;
}
```

【例 13-2】所示为使用上述属性来应用绝对定位方式设置元素显示位置。

【例 13-2】　使用绝对定位方式设置元素显示位置。

```
<html>
  <head>
    <style type="text/css">
      div.normal{width: 100px; height: 100px; border: 1px dashed red}
      div.absolute{position: absolute; top: 50px; left: 150px; width: 100px; height: 100px; border: 1px
dotted blue}
    </style>
  </head>
```

```
<body>
    <div class="normal">1、普通流定位元素；</div>
    <div class="absolute">2、绝对定位元素；
        <div class="absolute">3、绝对定位元素；</div>
    </div>
    <div class="normal">4、普通流定位元素。</div>
</body>
</html>
```

在【例 13-2】中，使用了普通流定位和绝对定位两种定位方式，运行效果如图 13-2 所示。其中，3 号绝对定位元素相对于已定位的祖先元素（2 号绝对元素）在上侧和左侧方向上偏移了 50px 和 100px；而 2 号绝对定位元素由于没有已定位的祖先元素，则相对于最初的包含块（body 元素）在上侧和左侧方向上偏移了 50px 和 100px。

另外，由于绝对定位已不属于普通流定位，进行绝对定位后，不再占据普通流的空间。如图 13-2 所示，4 号普通流定位元素直接紧邻 1 号普通流定位元素，像 2 号绝对定位元素原来不存在一样。

图 13-2　使用绝对定位方式设置元素显示位置

13.4　浮动定位

13.4.1　使用 float 属性进行浮动定位

使用浮动定位时，需要设置 float 属性来规定浮动的方向，向左浮动取值 left，向右浮动取值"right"，语法格式如下。

```
选择符 {
  float: direction;
}
```

【例 13-3】所示为使用 float 属性来实现元素浮动定位。

【例 13-3】　使用 float 属性来实现元素浮动定位。

```
<html>
  <head>
    <style type="text/css">
      div.normal{width: 100px; height: 100px; border: 1px dashed red}
      div.float{float:right; width: 100px; height: 100px; border: 1px dotted blue}
    </style>
  </head>
  <body>
    <div class="normal">1、普通流定位元素；</div>
    <div class="float">2、浮动定位元素；</div>
    <div class="normal">3、普通流定位元素。</div>
  </body>
</html>
```

在【例 13-3】中，使用了普通流定位和浮动定位两种定位方式，运行效果如图 13-3 所示。其中，当 2 号浮动定位元素向右浮动时，将脱离普通流向右移动，直到它的右边缘碰到包含框的右边缘。由于浮动定位并不属于普通流定位，3 号普通流定位元素在 2 号浮动定位元素浮动后向上移动，占据 2 号浮动定位元素的原来位置，好像其不存在一样。

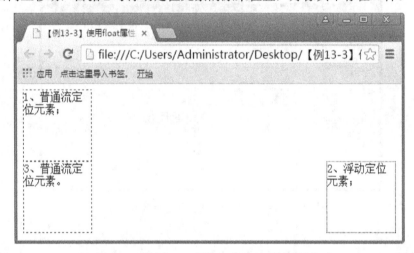

图 13-3　使用 float 属性来实现元素浮动定位

13.4.2　浮动元素之间的影响

需要注意的是，浮动的方向仅能选择"左"或"右"两个方向，不能向上或向下进行浮动。如【例 13-3】中，2 号浮动定位元素没有对其上的 1 号普通流定位元素产生影响。但是，如果 2 号浮动定位元素上面的元素也是浮动定位元素，如【例 13-4】所示，会出现不同的效果。

【例 13-4】 验证浮动元素之间的影响。

```
<html>
  <head>
    <style type="text/css">
```

```
        div.float{float:right; width: 100px; height: 100px; border: 1px dotted blue}
      </style>
   </head>
   <body>
      <div class="float">1、浮动定位元素；</div>
      <div class="float">2、浮动定位元素；</div>
      <div class="float">3、浮动定位元素；</div>
      <div class="float">4、浮动定位元素；</div>
      <div class="float">5、浮动定位元素；</div>
      <div class="float">6、浮动定位元素。</div>
   </body>
</html>
```

在【例 13-4】中，共有 6 个浮动定位元素，按照顺序依次进行浮动，运行效果如图 13-4 所示。

1）1 号浮动定位元素先向右进行浮动，直到碰到包含框为止。

2）2 号浮动定位元素向右进行浮动。与【例 13-3】不同的是，位于其之上的并非普通流定位元素，而是 1 号浮动定位元素。此时，浮动效果将会不同：由于 1 号浮动定位元素并未占据整行空间，该行仍能够容纳 2 号浮动定位元素，那么 2 号浮动定位元素将进入该行空间，并向右移动，直到其右边缘与 1 号浮动定位元素接触。接下来的 3 号、4 号和 5 号浮动定位元素与 2 号浮动定位元素执行相似的浮动。

3）6 号浮动定位元素向右浮动时，其上的 5 个浮动定位元素已占据了接近整行空间，不能容纳 6 号浮动定位元素。因此，6 号浮动定位元素将另起一行向右浮动，直到其右边缘碰到包含框为止。

图 13-4 验证浮动元素之间的影响

13.4.3 不同尺寸浮动元素之间的影响

如果 3 号浮动定位元素的尺寸发生变化——其高度改为 150px，浮动会出现不同的效果，如【例 13-5】所示。

【例 13-5】 验证不同尺寸浮动元素之间的影响。

```html
<html>
  <head>
    <style type="text/css">
      div.float1{float:right; width: 100px; height: 100px; border: 1px dotted blue}
      div.float2{float:right; width: 100px; height: 150px; border: 1px dashed red}
    </style>
  </head>
  <body>
    <div class="float1">1、浮动定位元素；</div>
    <div class="float1">2、浮动定位元素；</div>
    <div class="float2">3、不同尺寸的浮动定位元素；</div>
    <div class="float1">4、浮动定位元素；</div>
    <div class="float1">5、浮动定位元素；</div>
    <div class="float1">6、浮动定位元素。</div>
  </body>
</html>
```

在【例 13-5】中，6 号浮动定位元素向右浮动时，其上的 5 个浮动定位元素已占据了接近整行空间，不能容纳 6 号浮动定位元素。因此，6 号浮动定位元素将另起一行向右浮动。在向右浮动过程中，碰到了 3 号浮动定位元素而浮动停止。运行效果如图 13-5 所示。

图 13-5　验证不同尺寸浮动元素之间的影响

13.4.4　浮动元素与普通流元素之间的影响

前面已讨论了普通流元素在浮动元素之上时的影响，以及浮动元素之间的影响，本节讨论普通流元素在浮动元素之下时的影响，如【例 13-6】所示。

【例 13-6】 浮动元素与普通流元素之间的影响。

```html
<html>
  <head>
```

```
<style type="text/css">
    div.normal1{width: 100px; height: 100px; border: 1px solid red}
    div.normal2{width: 150px; height: 100px; border: 1px dashed green}
    div.float{float:left; width: 100px; height: 100px; border: 1px dotted blue}
</style>
</head>
<body>
    <div class="normal1">1、普通流定位元素；</div>
    <div class="float">2、浮动定位元素；</div>
    <div class="normal2">3、普通流定位元素。将产生文字环绕浮动元素的效果。将产生文字
环绕浮动元素的效果。</div>
</body>
</html>
```

在【例 13-6】中，2 号浮动定位元素向左浮动，且没有对其上的 1 号普通流定位元素产生影响。但是，如果由于浮动定位并不属于普通流定位，那么 3 号普通定位元素将在 2 号浮动定位元素浮动后，占据 2 号浮动定位元素原来的空间，如图 13-6 所示，2 号浮动定位元素的框和 3 号普通流定位元素的框重合了。

虽然浮动定位和绝对定位都不属于普通流定位，但是与绝对定位不同，应用浮动定位的元素在浮动后，会使普通流元素中的文字内容形成环绕的效果，如图 13-6 所示。

图 13-6　验证浮动元素与普通流元素之间的影响

13.4.5　使用 clear 属性清除浮动

若不希望产生如图 13-6 所示的文字环绕效果，可以使用 clear 属性对浮动进行清除。【例 13-7】所示为应用 clear 属性，阻止【例 13-6】中 3 号普通流定位元素中文字围绕浮动框显示的效果。clear 属性的值可以为 left、right、both 或 none，分别表示被设定框上不能与浮动框相邻边。

【例 13-7】 使用 clear 属性清除浮动。

```html
<html>
  <head>
    <style type="text/css">
      div.normal1{width: 100px; height: 100px; border: 1px solid red}
      div.normal2{width: 150px; height: 100px; clear:left; border: 1px dashed green}
      div.float{float:left; width: 100px; height: 100px; border: 1px dotted blue}
    </style>
  </head>
  <body>
    <div class="normal1">1、普通流定位元素；</div>
    <div class="float">2、浮动定位元素；</div>
    <div class="normal2">3、普通流定位元素。将产生文字环绕浮动元素的效果。将产生文字环绕浮动元素的效果。</div>
  </body>
</html>
```

在【例 13-7】中，3 号普通流定位元素由于设定了 clear 属性值为 left，因此，3 号普通流定位元素的左侧不能挨着浮动框。这样，2 号浮动定位元素与 3 号普通流定位元素在位置上不会再重叠，同时也消除了文字环绕的效果，如图 13-7 所示。

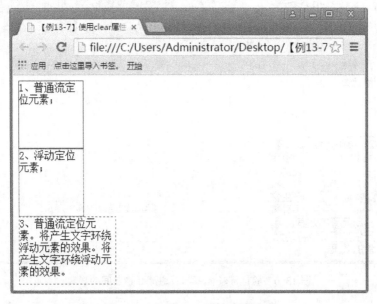

图 13-7　使用 clear 属性清除浮动

13.5　实验与练习

使用浮动定位方式，实现如图 13-8 所示的简单布局效果。

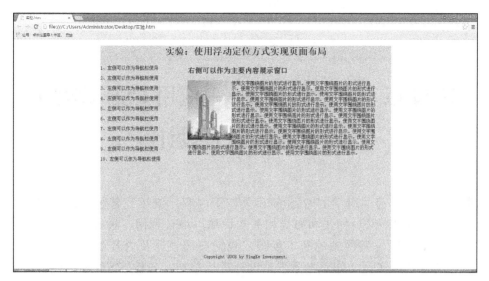

图 13-8　使用浮动定位实现简单布局效果图

第14章　项目实训2——使用 CSS 对物业
公司网站进行设计

本章将综合应用前面所学的 CSS 的相关知识内容，继续完善物业公司网站，基本内容包括：①对 CSS 网页样式和布局相关知识加以综合利用，进行项目实训，完善网站相关功能。②按照开发网站的基本步骤，包括布局设计及内容填充等，对网站进行科学、合理的设计和实现。③对本章网站设计进行总结，分析 CSS 在构建网站中的强大作用。

14.1　使用 CSS 对网页的样式和布局进行设计

14.1.1　使用 CSS 对网页样式进行设计

相对于使用 HTML 标签中的属性进行样式设计，CSS 对显示内容的样式控制得更精确，样式更多样，功能更强大。另外，由于采用了内容与显示独立的设计理念，使用 CSS 相当于将样式设计封装起来，供多个网页使用，这样做可以方便地设计、维护网站内所有网页的布局和外观，并可对网站系统进行迅速扩展，提高开发效率。

14.1.2　使用 CSS 对网页布局进行设计

网页布局方法有两种，分别为使用框架进行布局和使用表格进行布局。

使用框架布局的方法适合于对网页总体布局的设计，但涉及较为复杂、细节或特殊样式的布局设计时，就较难使用其进行设计了。

table 布局方式实际上是利用了 HTML table 表格元素具有无边框特性（将单元格的边框宽度和间距设置为 0），因此可以将网页中的各个元素按版式划分放入表格的各个单元格中，从而实现复杂的排版组合。CSS 相对于 table 布局的优点体现在以下几个方面。

1）样式的调整更加方便。内容和样式的分离，使页面和样式的调整变得更加方便。现在 YAHOO、MSN 等国际门户网站，网易、新浪等国内门户网站，以及很多主流的 Web 2.0 网站，均采用 DIV+CSS 的框架模式，更加印证了 DIV+CSS 是大势所趋。现在很多新建站点都采用了 DIV+CSS 来构建自己的网站页面，可见 DIV+CSS 替代 table 已经不再遥远。

2）复杂的表格结构不利于设计与修改。表格布局的混合式代码就是这样编写的，大量样式设计代码混合在表格与单元格之间，使得可读性大大降低，维护起来成本也相当高。

3）把格式数据混入内容中。这使得文件的大小无谓地变大，而用户访问每个页面时都必须下载一次这样的格式信息，而带宽并非免费。

4）搜索引擎更加友好。相对于传统的 table，采用 DIV+CSS 技术的网页对于搜索引擎的收录更加友好。

14.2　网页布局实现

14.2.1　使用 DIV+CSS 实现网页布局

根据 14.1.2 节对网页布局的设计，使用 DIV+CSS 来实现网页的布局，示例代码如下。

【例 14-1】　使用 DIV+CSS 实现网页布局。

```
<!DOCTYPE html>
<html>
<head>
    <meta charset="UTF-8">
    <title>团美物业服务有限责任公司</title>
    <style type="text/css">
        .bottom_div {
        /*最底层代码*/
            background-color: #323332;
            margin: auto;
            width: 1000px;
            height: 800px;
        }
    </style>
</head>
<body>
    <div class="bottom_div">
    </div>
</body>
</html>
```

示例代码说明如下。

1）为了保证多种分辨率条件下稳定的网页布局的效果，这里使用一个最底层的 div，并限定其宽度为 1000。两边空白的区域可加入广告或热门链接等扩展内容。

2）使用了 CSS 的 margin 属性为 auto，使得整个网页的内容都默认为居中显示。

3）通过 width、height 和 background-color 属性，整理成布局设计的样式。

图 14-1 所示为 Google 浏览器运行上述布局示例代码后的显示界面。

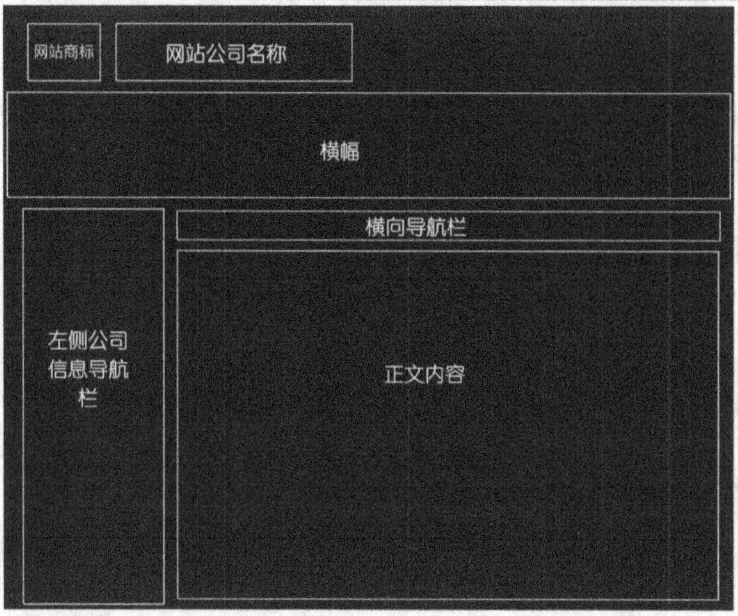
网站商标
网站公司名称
横幅
横向导航栏
左侧公司信息导航栏
正文内容

图 14-1　布局示例代码运行于 Google 浏览器上的显示界面

14.2.2　公司商标和公司名称部分

在布局 DIV（见 14-1）的相应位置中，加入一层 div，内容分别是图标图片（banner.jpg）及公司的中、英文名称，如【例 14-2】所示。

【例 14-2】 公司商标和公司名称部分实现代码。

```
<div>
        <img src="img/banner.jpg" class="banner_img">
            <p class="banner_p">
              团 美 物 业 服 务 
              有 限 责 任 公 司<br>
              TUAN   MEI   
              PROPERTY   SERVICE   LTD.
            </p>
    </div>
```

CSS 属性设置如下。

```
.banner_img{
        /*公司商标*/
            margin-top: 5px;
            margin-left: 5px;
            margin-right: 20px;
            height: 40px;
            float: left;
 }
 .banner_p{
```

```
            /*公司标题部分*/
            color: white;
            position: relative;
            left: 0px;
            top: 3px;
    }
```

上述示例中，要想让公司名称显示在图片右方，需要设置公司图标左浮动，使用相对定位"position:relative"。

relative 是相对的意思，顾名思义是相对于元素本身在文档中应该出现的位置来移动这个元素，可以通过 top、right、left 和 bottom 属性设置来移动元素的位置，如 top:3px 是相对原来的位置下移三个像素。实际上该元素依然占据文档中原有的位置，只是视觉上相对原来的位置有所移动。

14.2.3 宣传图片、横幅或标语部分

在布局表格（见 14-1）相应的行中，插入宣传图片，并调整图片的高度和宽度，如【例 14-3】所示。

【例 14-3】 宣传图片、横幅或标语部分实现代码。

```
<div>
        <img src="img/top1.jpg" class="banner_second">
</div>
```

CSS 属性设置如下。

```
.banner_second{
        /*横幅图片*/
        position: relative;
        left: 5px;
        top: -9px;
        height: 150px;
        width: 990px;
    }
```

14.2.4 公司新闻与荣誉资质部分

在左侧导航栏部分，有两层外边框嵌套，最外层为灰色 groove 边框，套一层苹果绿内层边框，再套公司新闻和荣誉资质两个同级表格（考虑到公司新闻与荣誉资质中间有一像素的背影色间距，所以用两个 2 行 1 列的表格相接），修改表头和行的高度，并在行内加入列表，效果如【例 14-4】所示。

【例 14-4】 公司新闻与荣誉资质部分布局实现代码。

```
<div id="left_navigation_outline" class="left_navigation_outline">
        <div id="left_navigation" class="left_navigation_inline">
```

```
<table id="company_news">
    <th style="background-color: #FFFF99; height: 30px">公 司 新 闻
</th>
    <tr>
        <td style="background-color: white">
公司新闻详细内容
        </td>
        </tr>
    </table>

    <table id="honour">
        <th style="background-color: #006698; height: 30px">荣 誉 资 质
    </th>
        <tr>
            <td style="background-color: white">
荣誉资质详细内容
            </td>
        </tr>
    </table>
    </div>
</div>
```

CSS 属性设置如下。

```
.left_navigation_outline{
        /*左侧导航栏外边框*/
            float: left;
            position: relative;
            left:5px;
            top: -5px;
            height: 580px;
            width: 250px;
            border-style: groove;
            border-color: #E9EAE9;
            border-width: 4px;
}
.left_navigation_inline{
        /*左侧导航栏内边框*/
            float:left;
            position: relative;
            left: 0px;
            top: 0px;
            height: 578px;
            width: 240px;
            border-style: solid;
            border-color: #D5FF6A;
            border-width: 2px;
```

```
        }
    #company_news{
            /*公司新闻部分*/
                position: relative;
                top: 1px;
                left: 10px;
                width: 218px;
                height: 290px;
        }
    #honour{
            /*荣誉资质部分*/
                position: relative;
                top: 1px;
                left: 10px;
                width: 218px;
                height: 290px;
        }
```

公司新闻与荣誉资质部分的布局效果如图 14-2 所示。

14.3 网页内容填充设计

确定好布局之后，接下来填充相关的内容。这里，主要介绍在如图 14-2 所示布局相应的单元格中填充公司新闻。

图 14-2 公司新闻与荣誉资质部分布局效果

1）公司新闻通过<ul>无序列表元素来组织。在<li>元素中，使用<a>元素对公司新闻的标题加入超链接，并利用 target 属性规定点击超链接后，相关内容将显示于表格中。

2）通过 CSS，对内容的字体进行设置。

3）为了达到公司新闻滚动显示的效果，在最外层加上<marquee>元素。

【例 14-5】 公司新闻内容填充设计实现代码。

```
<marquee scrollamount="2"; scrolldelay="1"; direction="up">
    <ul >
            <li><a href="zaiguan.html">皇家尊享、宫廷礼仪式顶级生活标杆 2014-3-26
                </a></li>
            <li><a href="zaiguan.html">我司如开职工茶话文艺会 2014-3-18</a></li>
            <li><a href="zaiguan.html">转发《关于调整普通住宅小区前期物业服务收费标准
                的通知》 2014-3-16</a></li>
            <li><a href="zaiguan.html">我司开展人事对接人员培训班</a></li>
    </ul>
```

```
        </marquee>
```

CSS 属性设置如下。

```
/*列表样式*/
        ul{
                /*列表样式*/
                width: 130px;
        }
        li{
                font-size: 5px;
        }
```

在布局相应的单元格中填充公司信誉，也是通过<ul>及<li>元素对相应内容进行组织。与上述设计类似，这里不再赘述。

14.4　网站导航和正文部分

14.4.1　宿主网页设计与实现

由于该部分布局较简单，因此将布局与内容填充设计一并介绍，如【例 14-6】所示。

1）在布局层的相应位置，嵌套两个 div 元素，分别表示网站导航及正文部分的内容。

2）在网站导航的设计中，使用<a>元素对导航文字增加超链接，并通过 target 属性指定将内容显示在正文部分中。

3）在正文部分的设计中，通过 iframe 浮动框架元素将相关网页内容嵌入进来，并根据网站导航更新显示的网页内容。

【例 14-6】　宿主网页布局及内容填充设计实现代码。

```
    <table id="top_navigation">
        <tr>
            <td id="top_navigation_td"><a href="zaiguan.html" target="embeded_page">
            在 管 小 区</a></td>
            <td id="top_navigation_td"><a href="yewu.html" target="embeded_page">业 务 
范 围</a></td>
            <td id="top_navigation_td"><a href="huanjing.html" target="embeded_page">
            环 境 景 点</a></td>
            <td id="top_navigation_td"><a href="guanyu.html" target="embeded_page">
            关 于 我 们</a></td>
        </tr>
    </table>
```

14.4.2　嵌入网页设计与实现

对于通过浮动框架嵌入进来的相关网页的设计，这里不再一一介绍，主要以

zaiguan.html 网页的设计为例进行说明，如【例14-7】所示。

1）使用 div 内嵌 iframe 框架，对网页进行整体布局，布局设计较为简单，不再赘述。

2）建立 div，一层为网页正文的标题部分。通过设置该表格中相应单元的背景色、引入虚线图片（btxx.jpg）等方式，对标题部分的内容显示进行修饰。

3）另一层为网页的正文部分的内容。该层里又嵌套了五个 div。其中，第一、二层分别显示了两张图片（xy_nktsmall.jpg 和 xy_nktsmall.jpg），在图片的外层加上<a>元素，为图片添加超链接功能。第三、四层分别对应两个图片的名称。第五层为正文的文字部分。

【例14-7】 嵌入网页 zaiguan.html 实现的主要实现代码。

```html
<body>
<table id="text_banner">
    <tr style="height: 10px">
        <td style="background-color: #9FC400;width: 15px"></td>
        <td style="background-color: #FFFF99">  在管小区</td>
    </tr>
    <tr style="height: 20px">
        <td style="background-color: #0190AA"></td>
        <td style="border-width: 1px;background-color: #0190AA"></td>
    </tr>
</table>

<div>
    <img id="dotted" src="img/btxx.jpg">
</div>

<div id="text_article_border">
    <a href="img/xy_tstsmall.jpg" target="_blank">
        <img src="img/xy_tstsmall.jpg" id="text_limg" alt="请点击图片欣赏大图">
    </a>
    <a href="img/xy_nktsmall.jpg" target="_blank">
        <img src="img/xy_nktsmall.jpg" id="text_rimg" alt="请点击图片欣赏大图">
    </a><br>
    <p id="text_img_desl"><a href="#">单体图</a></p>
    <p id="text_img_desr"><a href="#">鸟瞰图</a></p>
    <p id="text_article">
        <br><br><br>
              左岸蓝山小区占地 41800 余平方米，总建
筑面积 40000 多平方米。
        东临在建的千户住宅小区--南苑新区，北靠胜南社区，
        距离市中心只有 5 分钟车程，小区绿化率高达 35%，整体环境幽雅静谧，"闹而不
喧，静而不偏"，
享受城市繁华的同时。
        又可在转瞬之间回归宁静，为您的生活提供更加舒适，温馨的天地。
    </p>
</div>
</body>
```

14.5　页脚部分

在布局表格相应单元格中，添加页脚部分，如【例 14-8】所示。

【例 14-8】　页脚部分的实现代码。

```
    <tr>
        <td align="center" colspan=2 height=159 bgcolor="#333333">
<font size="-1">
Copyright @ 2009 团美物业服务有限责任公司版权所有
<a href="" target="_blank">ICP 备 1 号-1</a>
网站建设-团美科技
</font>
</td>
    </tr>
```

14.6　总结分析

本章通过对网站开发过程（包括需求分析、总体设计、布局设计、色彩设计及网页各局部内容设计等）的介绍与分析，向读者展示了网页制作的步骤和技术，最后实现了团美物业服务有限责任公司的企业网站。图 14-3 所示为其网站主页的效果。

图 14-3　团美物业服务有限责任公司网站主页

第15章　JavaScript 简介

JavaScript 是一种解释性脚本语言，它的出现极大地丰富了客户端效果及数据的有效传递，已经被广泛用于 Web 应用开发，常被用来为网页添加各式各样的动态功能，为用户提供更加流畅、美观的浏览效果。JavaScript 功能强大，简单易学。本章主要介绍 JavaScript 的背景、特点和开发环境，并给出一个简单应用 JavaScript 的例子，以体现 JavaScript 的功能和使用方法。

15.1　JavaScript 背景知识

如果仅使用前面介绍的 HTML 网页，会导致浏览器端的用户体验效果较为单调，不能提供与用户的交互功能，如数据有效性验证等。因此，Netscape 公司在其 Navigator Web 浏览器中增加了脚本功能——LiveScript，以简单的方式实现浏览器中的数据验证。后来 Netscape 在与 Sun（已被甲骨文收购）合作之后将其改名为 JavaScript。

Javascript 一经推出就获得巨大成功。为了取得技术优势，微软推出了JScript，CEnvi 推出了 ScriptEase，与 JavaScript 一样，可在浏览器上运行。但是，由于众多浏览器对脚本语言的支持不一致，开发者在开发时不得不针对特定的浏览器编写相应的代码。因此，1997 年在 ECMA 的协调下，由 Netscape、Sun、微软和 Borland 组成的工作组创建了统一标准：ECMA-262 标准。因为 JavaScript兼容于 ECMA 标准，因此也称为ECMAScript。

在之后的发展过程中，多媒体交互应用等被类似 Flash 的技术抢占了市场。这是因为 Flash、SilverLight 等技术使用可视化的编辑环境，设计、开发炫丽的页面效果更加方便。但随着 Ajax 技术的提出，JavaScript 重新受到 Web 开发者的重视。随着 HTML 5 的提出，JavaScript 更是表现出了惊人的魅力。

15.2　JavaScript 特点

JavaScript 具有以下几个特点。
- 脚本语言。JavaScript 是一种解释型的脚本语言，C、C++等语言先编译后执行，而 JavaScript 是在程序的运行过程中逐行进行解释。
- 基于对象。JavaScript 是一种基于对象的脚本语言，它不仅可以创建对象，也能使用现有的对象。
- 简单。应用 JavaScript 编程，要求较为简单、宽松。例如，其采用的是弱类型变量类型，对使用的数据类型未做严格的要求。
- 动态性。JavaScript 是一种采用事件驱动的脚本语言，不需要经过 Web 服务器就可以对用户的输入做出响应。在访问一个网页时，鼠标在网页中进行点击或上下移、窗口移动等操作，JavaScript 都可直接对这些事件给出相应的响应。

● 跨平台性。JavaScript 脚本语言不依赖于操作系统，仅需要浏览器的支持。

15.3　JavaScript 开发与运行环境

JavaScript 开发对环境的要求较低，甚至可以直接使用一些常用的文本编辑工具编写即可。但是它们往往缺少语法提示，不支持调试。考虑到易用性，可以使用 WebStorm、Dreamweaver 和 Aptana 等专业工具进行编辑与开发。

同样，JavaScript 对运行环境的要求也不高，可以将编写好的 JavaScript 代码嵌入到 HTML 文件中，安装支持 JavaScript 的浏览器（如 Google Chrome、FireFox 及 IE 等）后，即可对其进行运行与调试。

15.4　第一个 JavaScript 程序

本节将编写第一个 JavaScript 程序。将 JavaScript 脚本代码嵌入到 HTML 文件中编写运行，需要使用<script>标签。另外，使用 document 对象的 write 方法将字符串 Hello World 输出显示在浏览器窗口中。

【例 15-1】 使用 JavaScript 输出显示 Hello World。

```html
<html>
    <head>
        <title>Hello World From JavaScript!</title>
    </head>
    <body>
        <script language="JavaScript">            <!--------JavaScript 脚本开始----------------->
        document.write("Hello World!");//  在浏览器窗口显示"Hello World!"
        </script>                              <!--------JavaScript 脚本结束----------------->
    </body>
</html>
```

运行效果如图 15-1 所示。

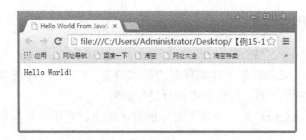

图 15-1　使用 JavaScript 输出显示 Hello World

15.5　实验与练习

使用 JavaScript 输出显示"你好，世界！"

第16章 JavaScript 基础知识

JavaScript 基础知识是学习 JavaScript 语言的基石，为 JavaScript 的进一步学习做铺垫。本章主要对 JavaScript 语言的数据类型、函数等各方面进行讲解。

16.1 JavaScript 数据类型

JavaScript 是基于对象的，其中的所有数据类型都是对象，如字符串、数字、数组和日期等。

16.1.1 字符串类型

在 JavaScript 中，字符串类型是用引号（双引号或单引号）括起的文本。JavaScript 中不区分"字符"和"字符串"，语法格式如下。

```
var string1="abc1";        //双引号
var string2='def2';        //单引号
```

当声明一个字符串时，实际上声明了一个字符串对象，也就具备了 JavaScript 字符串对象的属性和方法。

1．length 属性

可以使用字符串对象的 length 属性获得字符串长度，语法格式如下。

```
document.write(string1.length);        //输出字符串 string1 的长度
```

2．indexOf()方法

可以使用字符串对象的indexOf()方法定位字符串中某一个指定的字符首次出现的位置，语法格式如下。

```
document.write(string1.indexOf('b'));        //输出字符串 string1 中字符 b 首次出现的位置
```

3．substring()方法

可以使用字符串对象的 substring()方法提取字符串的某个部分，语法格式如下。

```
string1.substring(start,end);
```

其中，start 参数为要提取的起始坐标，是一个非负的整数；end 参数为要提取子串的结尾坐标，若未指定 end 参数，则默认提取起始下标至字符串结尾的子串。

该方法的返回值即返回原始字符串从 start 开始（包括 start）到 end 结束（不包括 end）

的子串。【例 16-1】所示为使用 substring 方法提取子串的示例。

【**例 16-1**】 使用 substring 方法提取子串。

```
<html>
    <head>
        <title>使用 substring 方法提取子串</title>
    </head>
    <body>
        <script language="JavaScript">
                var string1="欢迎张三登录        Welcome San ZHANG<br/>";
                document.write(string1);
                document.write("姓名: "+string1.substring(2,4)+"<br/>");
                document.write("Name: "+string1.substring(18));
        </script>
    </body>
</html>
```

运行效果如图 16-1 所示。

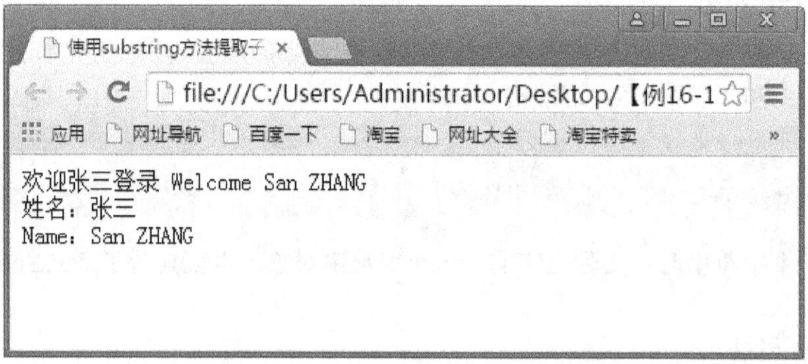

图 16-1　使用 substring 方法提取子串

16.1.2　数字类型

JavaScript 中用于表示数值的类型称为数字型。JavaScript 不像其他编程语言那样区分整型和浮点型，所声明的数字型变量可以带小数点，也可以不带。数值可以用普通记法，也可以使用科学计数法。语法格式如下。

```
var num1=1;            //不带小数点
var num2=1.5;          //带小数点
var num3= 3e7;         //科学计数法
```

当声明一个数字类型的变量时，实际上是声明了一个数字对象，也就具备了 JavaScript 数字对象的属性和方法。

1．NaN 属性

NaN 属性是代表非数字值的特殊值，该属性用于指示某个值不是数字。

使用 Number.NaN 的形式，说明某些算术运算（如求负数的平方根等）的结果不是数字，语法格式如下。

```
document.write(Number.NaN);//输出 Number.NaN，页面显示 NaN
```

对于一些常规情况下返回有效数字的函数，也可以采用这种方法，用 Number.NaN 说明它的错误情况。【例 16-2】所示为使用 NaN 来表示错误的示例。

【例 16-2】 使用 NaN 来表示错误。

```
<html>
    <head>
        <title>使用 substring 方法提取子串</title>
    </head>
    <body>
        <script language="JavaScript">
                var age=-1;
                if( age>0 )
                {
                    document.write("年龄为"+age+"岁，年龄信息合理！");
                }
                else
                {
                    age = Number.NaN;
                    document.write(age);
                }
        </script>
    </body>
</html>
```

运行效果如图 16-2 所示。

图 16-2 使用 NaN 来表示错误

由于 NaN 是一个非数字的特殊值，其与其他数值进行比较的结果总是不相等的，包括它自身在内。【例 16-3】所示为比较 Number.NaN 与自身、数字及字符串是否相等。

【例 16-3】 比较 Number.NaN 与自身、数字及字符串是否相等。

```
<html>
```

```
<head>
    <title>比较 Number.NaN 与自身、数字及字符串是否相等</title>
</head>
<body>
    <script language="JavaScript">
            if( Number.NaN==Number.NaN)
            {
                document.write("NaN 与 NaN 的比较结果是：相等。<br/>");
            }
            else
            {
                document.write("NaN 与 NaN 的比较结果是：不相等。<br/>");
            }
            if( Number.NaN=="abc")
            {
                document.write("NaN 与字符串的比较结果是：相等。<br/>");
            }
            else
            {
                document.write("NaN 与字符串的比较结果是：不相等。<br/>");
            }
            if( Number.NaN==1)
            {
                document.write("NaN 与数字的比较结果是：相等。<br/>");
            }
            else
            {
                document.write("NaN 与数字的比较结果是：不相等。<br/>");
            }
    </script>
</body>
</html>
```

运行效果如图 16-3 所示。

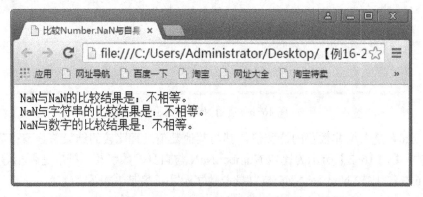

图 16-3　比较 Number.NaN 与自身、数字及字符串是否相等

因此，不能与 Number.NaN 比较来检测一个值是不是数字。如果需要的话，只能调用数字对象的 isNaN()方法来比较。

2．isNaN()方法

isNaN(value)用来判断参数 value 是否是 NaN，返回一个布尔值。【例 16-4】所示为使用 isNaN()比较 Number.NaN 与自身、数字及字符串是否相等。

【例 16-4】 使用 isNaN()比较 Number.NaN 与自身、数字及字符串是否相等。

```
<html>
    <head>
        <title>使用 isNaN()比较 Number.NaN 与自身、数字及字符串是否相等</title>
    </head>
    <body>
        <script language="JavaScript">
            if( Number.isNaN(NaN))
            {
             document.write("isNaN()方法判断与 NaN 的比较结果是：相等。<br/>");
            }
            else
            {
             document.write("isNaN()方法判断与 NaN 的比较结果是：不相等。<br/>");
            }
            if( Number.isNaN("abc"))
            {
             document.write("isNaN()方法判断与字符串的比较结果是：相等。<br/>");
            }
            else
            {
             document.write("isNaN()方法判断与字符串的比较结果是：不相等。<br/>");
            }
            if( Number.isNaN(1))
            {
             document.write("isNaN()方法判断与数字的比较结果是：相等。<br/>");
            }
            else
            {
             document.write("isNaN()方法判断与数字的比较结果是：不相等。<br/>");
            }
        </script>
    </body>
</html>
```

运行效果如图 16-4 所示。

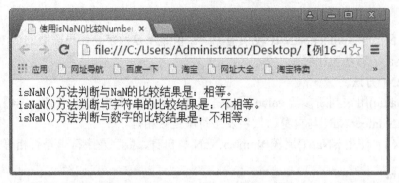

图 16-4　使用 isNaN()比较 Number.NaN 与自身、数字及字符串是否相等

16.1.3　布尔类型

JavaScript 的布尔类型有"真"和"假"两个值。作为逻辑表达式的结果,"真"值用 true 表示,"假"值用 false 表示。

布尔类型值与其他类型值的转换方面,遵循非 0 值即为"真",0 值即为"假"的规则。【例 16-5】所示为验证其他类型转换为布尔类型值的实验。

【**例 16-5**】　布尔类型值验证实验。

```html
<html>
    <head>
        <title>验证其他类型转换为布尔类型值的实验</title>
    </head>
    <body>
        <script language="JavaScript">
            var b1 = true;
            if( b1 )
            {
                document.write("true 的布尔值为\"真\"<br>");
            }
            var b2 = false;
            if( b2 )
            {
                document.write("false 的布尔值为\"真\"<br>");
            }
            else
            {
              document.write("false 的布尔值为\"假\"<br>");
            }
            var b3 = 0.1;
            if( b3 )
            {
              document.write("0.1 的布尔值为\"真\"<br>");
            }
            var b4 = -1;
```

```
                        if( b4 )
                        {
                         document.write("−1 的值为\"真\"<br>");
                        }
                        var b5 = 0;
                        if( b5 )
                        {
                         document.write("0 的值为\"真\"<br>");
                        }
                        else
                        {
                         document.write("0 的值为\"假\"<br>");
                        }
                    </script>
                </body>
            </html>
```

运行效果如图 16-5 所示。

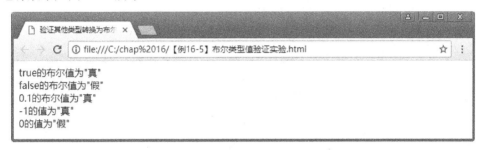

图 16-5　验证其他类型转换为布尔类型值的实验

16.1.4　数组类型

数组是 JavaScript 中另外一种重要的基本数据类型，可以使用单独的变量名来存储一系列的值。数组元素是指存储在数组中并赋予唯一索引号的数据段。各元素的数据类型可以是任意有效的 JavaScript 数据类型，元素按添加进数组的顺序存储于数组中。

1. 创建数组

JavaScript 中的内部对象 Array 封装了所有与数组相关的方法和属性。创建一个数组对象可以使用以下几种方式。

```
        var Obj = new Array(); //创建一个空数组
        var Obj = new Array( Size ); //通过指定数组长度创建数组。Size 用于指明新建的数组有多少个元
素。数组对象的 length 将被设置为 Size，仅指定长度但没有实际填充元素及其数据的数组将得不到数据存
储空间
        var Obj = new Array( 元素 1, 元素 2, ..., 元素 N ); //新建的数组将包含创建时指定的元素，通常
用在数据已经准备就绪的场合
        var Obj = [ 元素 1, 元素 2, 元素 3, ..., 元素 N ]; //使用 "[]"运算符直接创建，数组的元素也是在
创建时被指定的
```

2. 遍历数组

使用"数组名[下标]"的形式,就可以对数组元素的值进行读取。对数组中所有的数组元素进行操作和处理,需要使用循环语句来执行。【例 16-6】所示为对数组中的元素进行排序并输出。

【例16-6】 数组元素排序输出。

```html
<html>
    <head>
        <title>数组元素排序输出</title>
    </head>
    <body>
        <script language="JavaScript">
            var nums = new Array( 20, 33, 1, 65, 43, 15 );
            document.write( "排序前: " + nums );      // 输出排序前内容
            for( n in nums )                          // 在 for 语句中使用 in 运算符遍历数组
            {
                for( m in nums )                      // 逐一比较
                {
                    if( nums[n] < nums[m] )           // 使用 "<" 运算符进行升序比较
                    {
                        var temp = nums[n];           // 交换数组元素内容
                        nums[n] = nums[m];
                        nums[m] = temp;
                    }
                }
            }
            document.write( "<br>" );                 // 输出换行
            document.write( "排序后: " + nums );       // 输出排序后内容
        </script>
    </body>
</html>
```

运行效果如图 16-6 所示。

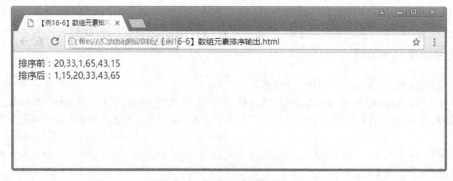

图 16-6　数组元素排序输出

创建数组演示:数组善于将每个独立的数据组织起来,提供一致的访问方式。下面创建一个数组，用于保存 car1、car2、car3 和 car4 这四个元素。

【例 16-7】 创建数组。

```
<script language="javascript">                    // 脚本程序开始
    var cars = new Array( "car1", "car2", "car3", "car4" );  // 通过指定元素创建数组
    for( n in cars )                               // 逐个输出数组中的元素
    {
        document.write( cars[n] + " " );           // 将元素写入当前文档流中
    }
</script>                                           //脚本程序结束
```

运行效果如图 16-7 所示。

图 16-7　创建数组

3. 添加数组元素

JavaScript 的数组可以动态添加新元素，也可以动态删除原有的元素。添加新元素通常使用 Array 对象的 push 方法，push 方法是将新元素添加到数组的尾部。使用 unshift 可以将指定个数的新元素插入数组的开始位置，形成新的数组。下面是添加元素的一般格式。

```
var cars=new Array();               //创建一个没有任何元素的数组
cars.push("SUV");                   //将 SUV 添加到数组中
```

也可以使用"[]"运算符指定一个新下标来添加新元素，新元素将被添加到指定的下标处。如果指定的下标超过数组的长度，数组将被扩展为新下标指定的长度。

4. 删除数组元素

通常使用 delete 运算符删除一个指定的元素，如果需要删除全部元素，只需删除数组对象即可。语法格式如下。

```
delete  数组名[下标];
```

例如，要删除数组中第一个元素，代码如下。

```
var cars = Array("car1","car2");    //有两个元素的数组
delete cars[0];                     //删除第一个元素 car1
```

JavaScript 还有一个特殊的数据类型——undefined（未定义）。undefined 类型是指一个变量被创建后，还没有赋予任何初值，这时该变量没有类型，被称为未定义的，在程序中直接使用则会发生错误。

16.1.5　对象类型

JavaScript 中的对象是一组属性与方法的集合。Object 对象是所有 JavaScript 对象的基类。关于对象的具体创建方式及对象的各种特性，会在后面的第 18 章中进行详细介绍。这里只对 Object 对象进行简单介绍。

1．constructor 属性

构造函数属性，可确定当前对象的构造函数。

```
var o = new Object();
console.log(o.constructor == Object);//true
```

2．property 属性

判断属性是否存在于当前对象实例中。

```
var obj = new Object();obj.name = "CodePlayer";
obj.age = 18;
obj.sayHi = function( ){
    alert("Hello World!");
};
// 包含特殊字符的属性只能以此方式访问
obj["foo-bar"] = "包含特殊字符";
document.writeln( obj.age );              // 18
document.writeln( obj['age'] );           // 18
document.writeln( obj["foo-bar"] );       // 包含特殊字符
```

16.2　JavaScript 常量和变量

16.2.1　常量

常量是 JavaScript 中不可改变的数据。

常量有四种类型：整型常量、实数常量、字符型常量和布尔型常量。

1．数值型常量

包括实数类型和整型类型。实数类型由整型和小数型组成，如 10、12.34 等。整型类型用十进制、十六进制、二进制来表示。

2．字符型常量

字符型常量需要用单引号"'"或双引号""""来表示，如"123" 'JavaScript'等。

3．布尔型常量

布尔型常量用来说明一种状态或者标志，只有 true 和 false 两个值。

16.2.2　变量

变量用来存放系统运行过程中的值，需要用到值时可以用变量来表示。对于变量，必须明确变量的命名、声明与作用域。

1．变量的命名

- 变量必须以字母、"$"或"_"符号开头，不过不推荐以"$"和"_"开头。
- 后续字符除了"_"以外，变量名中不能有"+""-"等其他特殊符号。
- 不能使用 JavaScript 中的关键字命名、如 var、int 和 double 等。
- JavaScript 变量对大小写敏感。如"J"与"j"是不同的变量。

2．变量的声明

在 JavaScript 中，使用 var 关键词来声明变量。变量声明之后，该变量是空的（undefined 类型）。JavaScript 语言是弱类型语言，在声明变量时不能指定类型，只能在赋值时根据赋予数值的类型来确定类型。示例如下。

```
var name;
```

如需向变量赋值，应使用等号。

```
name="HelloWorld";
```

不过，也可以在声明变量时对其赋值。

```
var name="HelloWorld";
```

同样，JavaScript 变量可用于存放表达式。

```
var age=x+y;
```

📖　提示：JavaScript 语句和 JavaScript 变量都对大小写敏感。

3．变量的作用域

- 全局变量：在所有函数体之外定义（非函数体）的变量，在全部函数中都可以使用。
- 局部变量：在函数中定义的变量，这个变量一旦出了这个函数，就是不可调用的。

【例16-8】　变量声明、赋值及变量作用域示例。

```
<script language="JavaScript">
        var global = 111;                //全局变量 global
        function a(){
        var local=222;                   //局部变量 local
        document.write("运行函数 a，显示全局变量："+global+"<br/>");
        document.write("运行函数 a，显示局部变量："+local+"<br/>");
        }
        function b(){
        document.write("运行函数 b，显示全局变量："+global+"<br/>");
```

```
        document.write("因为 local 是 a()函数的局部变量，所以在 b()函数中不可调用。");
        document.write("运行函数 b，显示局部变量："+local+"<br/>");
        }
        a();
        b();
    </script>
```

运行效果如图 16-8 所示。

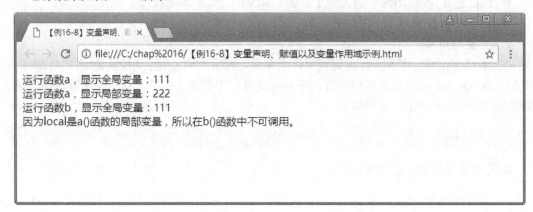

图 16-8　变量声明、赋值及变量作用域示例

16.3　JavaScript 表达式与运算符

将简单表达式组成复杂表达式，最常用的方法就是运算符，如算术运算符、关系运算符、字符串运算符和逻辑运算符等。

16.3.1　算术运算符

基本的算术运算符有*、/、%、+和-。除了"+"加法，其他的运算符如果字符里面为纯数字，将会转换为数字类型进行运算；如果有字母或者特殊符号，将会出现 NaN，然后求积、商、余（模）和差。

二元加法运算符"+"可以对两个数字做加法，也可以用于连接两个字符串或字符串变量。如果其中一个是字符串，先将数字转化为字符串，再进行字符串连接操作。

当两个操作数都是数字或字符串时，结果为相加或拼接，然而对于其他情况，需要进行一些类型转换。

【例 16-9】　"+"运算符的使用示例。

```
    <script language="JavaScript">
        document.write("3+5 结果："+(3+5)+"　加法"+"<br/>");
        document.write("3+5 结果："+"3" + "5" +"　字符串连接"+"<br/>");
        document.write("3+5 结果："+"3" + 5 +"　先将数字转换为字符串后将字符串连接"+"<br/>");
        document.write("3+5 结果："+ 3 + {}+"　对象转换为字符串后进行字符串连接"+"<br/>");
```

```
        document.write("true + true  结果: "+ (true + true) +"   布尔值转换为数字后做加法"+"<br/>");
        document.write("3 + null  结果: "+(3 + null)+"   null 转换为 0 后做加法"+"<br/>");
        document.write("3 + undefined  结果: "+(3 + undefined)+"   undefined 转换为 NaN 做加法"+"<br/>");
    </script>
```

运行效果如图 16-9 所示。

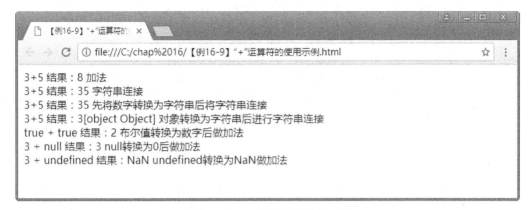

图 16-9 "+"运算符的使用示例

16.3.2 关系运算符

关系运算符用于测试两个值之间的关系，根据关系完成一系列判断，进而返回 true 和 false。关系表达式总是返回一个布尔类型值。通常在 if while 或者 for 语句中使用关系表达式，以控制程序的执行流程。

1．比较运算符

（1）相等 "=="、严格相等 "==="、不相等 "!=="、不严格相等 "!==" 运算符

"=="和 "==="运算符用于比较两个值是否相等，两个操作符可以是任意类型的操作符。如果相等返回 true，否则返回 false。

"!="和 "!=="运算符用于比较两个值是否不相等。两个操作符可以是任意类型的操作作符。如果不相等返回 true，否则返回 false。

如果 "==" 两边是两个对象，则比较的是引用的地址，而不是值的比较。举例如下。

```
function person() {
}
var p1 = new person("p1");
var p2 = new person("p2");
document.write(p1 == p2);          //结果返回 false
```

这个表达式的结果为 false，虽然都指向同一对象 person，但是两个对象 p1、p2 引用的内存地址不同（每实例化一个对象就会占用新的内存），所以返回 false。

（2）小于 "<"、小于等于 "<="、大于 ">"、大于等于 ">=" 运算符

比较操作符的操作数可以是任意类型。然而只有数字和字符串才能真正执行比较操作符，因此，对于不是数字和字符串的操作数，都将进行类型转换。

【例 16-10】 各运算符比较示例。

```
<script language="JavaScript">
        document.write("2==2 相同数字类型相等比较："+(2==2)+"<br/>");
        document.write("2=='2'数字类型和字符串类型相等比较："+(2=='2')+"<br/>"+"把'2'转换为数
字，检查其是否相等"+"<br/>");
        document.write("2===2 相同数字类型严格相等比较："+(2===2)+"<br/>");
        document.write("2==='2'数字类型和字符串类型严格相等比较："+(2==='2')+"<br/>");
        document.write("11>3 数字比较，结果："+(11>3)+"<br/>");
        document.write("'11'>'3'字符串比较，结果："+('11'>'3')+"<br/>");
        document.write("'11'<3 字符串和数字比较，"11"转换为 11，结果："+('11'<3)+"<br/>");
        document.write("'one'<3 数字比较，one 转换为 NaN，结果："+('one'<3)+"<br/>"+"因为 NaN
与所有值比较都是 false");
</script>
```

运行效果如图 16-10 所示。

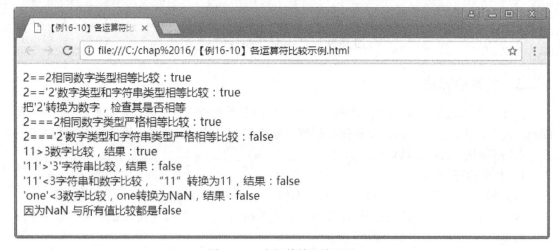

图 16-10　各运算符比较示例

2．in 运算符

in 运算符可以作为判断运算符，也常被用于 for…in 循环中遍历对象属性，用于遍历将在 18.4.2 节讲到。

in 作为判断运算符，其左操作数是字符串，如果不是字符串将转化为字符串；右操作数是一个对象。如果右侧的对象包含一个名为左侧操作数值的属性名，那么表达式返回 true。举例如下。

```
<script language="JavaScript">
var a={
//      x:1,
//      y:2
//};
//document.write("x" in a);
//document.write("y" in a);
```

156

```
        //document.write("z" in a);
        document.write("toString" in Object);
    </script>
```

3．instanceof 运算符

instanceof 运算符的左操作数为一个对象，右操作数为对象的类。如果左侧的对象是右侧类的实例，则表达式返回 true，否则返回 false。

【例 16-11】 instanceof 运算符示例。

```
    <script language="JavaScript">
    function a(){
        }                        //声明一个函数
    var x = new a();         //构建 x 对象
    var y = new Date();      //构建 y 对象
    document.write("x instanceof a 结果为："+(x instanceof a)+"<br/>");         //显示结果为 true, x
对象是 a()函数类创建的实例
    document.write("x instanceof a 结果为："+(x instanceof Object)+"<br/>"); //显示结果为 true,
所有对象都是 Object 的实例
    document.write("x instanceof a 结果为："+(y instanceof a)+"<br/>");         //显示结果为 false, y
对象不是 a()函数类创建的实例
    </script>
```

运行效果如图 16-11 所示。

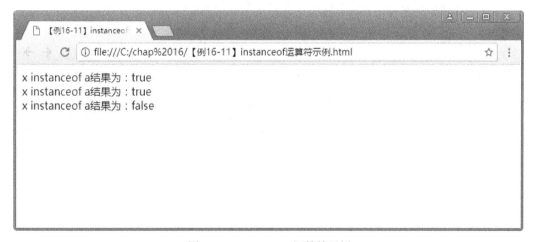

图 16-11　instanceof 运算符示例

16.3.3　逻辑运算符

逻辑运算符可以将多个表达式组合起来，组成一个更复杂的表达式，从而判断更复杂的表达式状态。

1．"&&" 逻辑与

当操作数都是布尔值时，"&&" 对两个布尔值执行"逻辑与"操作。当两个操作数的值都为 true 时，它返回 true；如果其中有一个操作数为 false，则返回 false。

```
document.write((1 == 1 && 2 == 1));    //结果返回 false
document.write((1 == 1 && 2 == 2));     //只有在两个表达式都为 true 时，结果才返回 true
```

2. "||" 逻辑或

"||"运算符对两个操作数做布尔运算。它首先计算左边的操作数，如果为 true，则返回 true；如果为 false，则计算右边的操作数。如果两个操作数都为 false，则返回 false。

```
document.write((1>2||2>3));    //结果返回 false
document.write((2>1||1>2));     //只要有一个为 true，结果就返回 true
```

3. "!" 逻辑非

逻辑非（!）运算符是对一个表达式执行逻辑非操作。当表达式为 true 时，执行逻辑非操作结果返回 false；当表达式为 false 时，执行逻辑非操作结果返回 true，相当于返回结果取反值。

```
document.write((!1==1));    //1==1 为 true，! 运算结果返回 false
```

【例 16-12】 3 种逻辑运算符示例。

```
<script language="JavaScript">
    document.write("1 == 1 && 2 == 1 结果为："+(1 == 1 && 2 == 1)+"<br/>");
    document.write("1 == 1 && 2 == 2 结果为："+(1 == 1 && 2 == 2)+"<br/>");
    document.write("1>2||2>3 结果为："+(1>2||2>3)+"<br/>");
    document.write("2>1||1>2 结果为："+(2>1||1>2)+"<br/>");
    document.write("!1==1 结果为："+(!1==1)+"<br/>");
</script>
```

运行效果如图 16-12 所示。

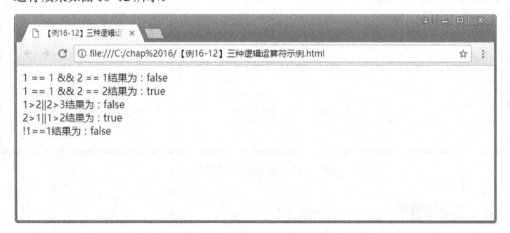

图 16-12　三种逻辑运算符示例

16.3.4　其他运算符

JavaScript 还支持很多其他运算符。下面列举几个进行介绍。

1. 逗号运算符(,)

逗号运算符是二元运算符，它的操作数可以是任意类型。它首先计算左操作数，然后计算右操作数。

```
i = 0, j = 1, k = 2;
```

它和下面的代码基本上是等价的。

```
i = 0; j = 1; k = 2;
```

2. 赋值运算符

赋值运算符用于给定义的变量赋值。常用的赋值运算符为"="，它不是数学意义上的相等，而是将赋值运算符右边的操作数值赋值给左边操作数，在之后的操作中可以直接调用所赋值的变量名。举例如下。

```
x=5;              //将数值5赋给x
y="JavaScript";   //将字符串JavaScript赋值给y
```

如果没有赋予变量具体数值，变量会被默认设置为undefined。举例如下。

```
document.write(y);     //没有给y赋值，直接输出显示结果undefined
```

还有一些由"="引申的其他操作符，如"+=""-=""*=""/="和"%="等。

3. 条件运算符（?:）

"?:"条件运算符是JavaScript中的唯一一个三元运算符。条件运算符有三个操作数，分别在"?"前、"?"与":"之间和":"后面。举例如下。

```
x > 0 ? x : -x;        //求x的绝对值
```

首先计算第一个操作数x是否大于0，若返回true，则计算第二个操作数，若返回false，则计算第三个操作数，从而求得表达式的值。其实使用if语句也能达到同样的效果，举例如下。

```
var x=-1;
    if(x>0){
     document.write(x);
    }else{
     document.write(-x);
    }                    //用if语句求x的绝对值，结果为1
```

4. typeof 运算符

typeof是一元运算符，它可以操作任何数据类型的操作数，经过typeof运算符运算后返回操作数的数据类型名称。举例如下。

```
document.write(typeof(NaN));      //NaN为特殊类型，所有特殊类型结果返回number
document.write(typeof(123));      //123为数字类型，结果返回number
```

```
document.write(typeof("123"));              //"123"为字符串类型，结果返回 string
document.write(typeof(document));           //document 为对象类型，结果返回 object
document.write(typeof(Date));               //Date 为函数类型，结果返回 function
document.write(typeof(aaa));                //aaa 为未定义类型，结果返回 undefined
```

16.4 JavaScript 控制语句

16.4.1 选择语句

JavaScript 中常见的选择语句有 if 语句、if…else 语句、if…else if…else 语句和 switch 语句。

1．if 语句

在很多情况下，编程中面临根据条件状态去选择不同操作的逻辑，此时就可以用 if 语句来描述这种情形。其测试一个 boolean 表达式，若结果为 true 则执行某段程序。

```
if(<表达式>){              //条件语句
    [执行代码]             //程序语句序列
}
```

2．if…else 语句

if…else 语句根据表达式的值决定执行哪条代码，它提供了另一条路线选择的功能。如果 boolean 表达式结果为 true，执行[执行代码 1]；如果为 false，执行[执行代码 2]。

```
if(<表达式>){
    [执行代码 1]           //<表达式>成立时执行的代码
}else{
    [执行代码 2]           //<表达式>不成立时执行的代码
}
```

3．if…else if…else 语句

当有多个判断条件时，单个的 if…else 语句显然不能表达，此时就应使用 if…else…if 语句。严格来说，if…else…if 语句不是单独的语句，而是由多个 if…else 语句组合而成的，实现了多路选择。

```
if(<表达式 1>){
    [执行代码]             //当<表达式 1>成立时执行的代码
}else if(<表达式 2>){
    [执行代码]             //当<表达式 2>成立时执行的代码
}else{
    [执行代码]             //当<表达式 1>和<表达式 2>都不成立时执行的代码
}
```

4．switch 语句

先计算 switch 后的表达式，根据表达式的计算结果与 case 的值作比较。如果比较后符合 case 的值，则执行该 case 后的代码，之后可以执行 break 语句来跳出 switch 语句。

```
switch(表达式)
{
    case 1:
    [执行代码 1]
    break;
    case 2:
    [执行代码 2]
    break;
    default:
    // 计算结果与 case 1 和 case 2 不同时执行的代码
}
```

【例 16-13】 选择语句示例。

```
<script language="JavaScript">
//if 语句
    if(1==1){
    document.write("表达式 1==1 成立，输出。"+"<br/>");
    }
//if…else 语句
    if(1>2){
    document.write("表达式 1>2 成立，输出。"+"<br/>");
    }else{
    document.write("表达式 1>2 不成立，输出。"+"<br/>");
    }
//if…else if…else 语句
    x=0;
    if(x>0){
    document.write("x 是正数"+"<br/>");
    }else if(x<0){
    document.write("x 是负数"+"<br/>");
    }else{
    document.write("x 是 0"+"<br/>");
    }
//switch 语句
    y=90;
    switch(y/10){
    case 1:
    document.write("及格"+"<br/>");
    break;
    case 9:
    document.write("不及格"+"<br/>");
    break;
    }
</script>
```

运行效果如图 16-13 所示。

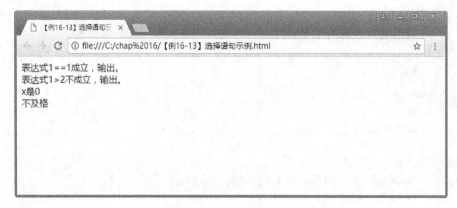

图 16-13　选择语句示例

16.4.2　循环语句

JavaScript 中常用的循环语句有 while、do…while、for in 和 for。

1. for 语句

一个 for 循环由四个代码块组成，分别是初始化语句、条件语句、迭代语句和循环体。

```
for ( [初始化]; [条件]; [迭代] ) {
    [循环体]
}
```

初始化语句在循环开始前执行且只执行一次，用于确定一个初值来判断条件语句。之后执行并判断条件语句，若返回值为 false，则整个循环终止；若条件语句返回值为 true，则执行循环体代码。循环体代码根据具体需要编写。循环体代码执行完毕后进入迭代语句，根据迭代语句计算的值返回条件语句，再进行下一轮判断，从而达到循环效果。

2. for in 语句

在前面（16.3.2 节）提到过 in 运算符。for in 循环的效果与 for 循环类似，它可以更方便地对数组进行遍历。

```
for ([变量] in [对象])
{
    [执行代码]
}
```

3. while 语句

while 语句先计算表达式，若表达式是 true 是则执行[执行代码]，直到表达式的值为 false 时跳出循环。

```
while(表达式){
    [执行代码]
}
```

4．do…while 语句

do…while 语句将一个语句块执行一次，然后重复该循环的执行，直到条件表达式为 false。

```
do {
    [执行代码]
}
while (表达式) ;
```

与 while 语句不同的是，do…while 语句的[执行代码]会在计算条件表达式之前执行一次。

【例 16-14】 循环语句示例。

```
<script language="JavaScript">
//for 循环
    var n=0;
    for(var i=1;i<=100;i++){
     var n=n+i;
    }
    document.write("for 语句求 1-100 的和，结果："+n+"<br/>");

//for in 循环
    var m;
    var a = new Array();
    a[0] = "Hello";
    a[1] = "JavaScript";
    a[2] = "!";
     document.write("for-in 语句遍历数组，结果：");
    for (m in a){
        document.write(a[m]);
    }
    document.write("<br/>");

//while 循环
    var x=0;
    var i=1;
    while(i<=100){
     x=x+i;
     i++;
    }
    document.write("while 语句求 1-100 的和，结果："+x+"<br/>");

//do-while 循环
    var y=0;
    var i=1;
    do{
     y=y+i;
```

```
        i++;
    }while(i<=100);
    document.write("do-while 语句求 1-100 的和，结果："+y+"<br/>");
</script>
```

运行效果如图 16-14 所示。

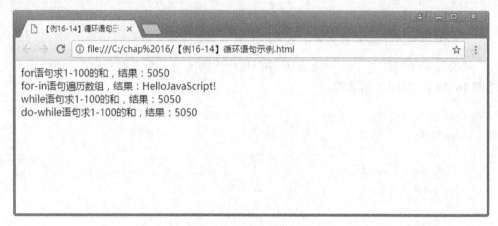

图 16-14　循环语句示例

16.4.3　break 语句与 continue 语句在循环语句中的区别

break 语句与 continue 语句都可用于循环语句中跳出循环，break 语句也可用于 switch 语句中（见 16.4.1 节）。

break 语句与 continue 语句用于循环语句中时，用法是不同的。break 语句是跳出整个循环语句，然后执行下面代码。continue 语句是跳出循环语句中的一次迭代，然后执行下一次循环。

【例 16-15】 break 与 continue 比较示例。

```
<script language="JavaScript">
    for (var i=0;i<5;i++)
    {
    if (i==3) break;
    document.write("The number is " + i + "<br>");
    }
    document.write("当 1==3 时 break 跳出整个循环");
    document.write( "<br>");
    for (var i=0;i<=5;i++)
    {
    if (i==3) continue;
    document.write("The number is " + i + "<br>");
    }
    document.write( "当 1==3 时 continue 结束本次循环进入下一次循环");
</script>
```

164

运行效果如图 16-15 所示。

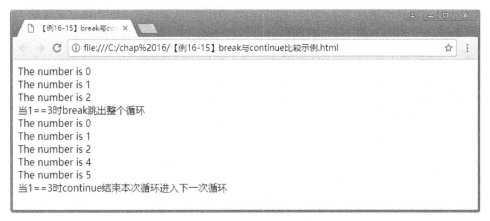

图 16-15　break 与 continue 比较示例

16.4.4　异常处理语句

程序运行过程中难免会出错，出错后的运行结果往往是不正确的，因此运行时出错的程序通常被强制中止。运行时的错误统称为异常，为了能在错误发生时得到一个处理的机会，JavaScript 提供了异常处理语句。常用的异常处理语句有 try…catch、try…catch…finally 和 throw。

1．try…catch 语句

编码时通常将可能发生错误的语句写入 try 块的括号中，并在其后的 catch 块中处理错误。错误信息包含在一个错误对象（Error 对象）中，通过自定义变量 e 的引用可以访问该对象。根据错误对象中的错误信息来确定如何处理。

```
try{
    [执行代码]              //可能发生错误的代码
}catch(e){                 //e 为任何变量名，用于引用错误发生时的错误对象
        [处理错误代码]       //错误处理语句，当错误发生时运行的代码
}
```

2．try…catch…finally 语句

finally 语句在 try 与 catch 语句之后，不管 try…catch 语句有没有发生错误，都会执行 finally 语句中的代码。

```
try{
    [执行代码]
}catch(e){
    [处理错误代码]
}finally{
    [执行代码]              //无论前面 try 与 catch 有无错误，都会执行代码
}
```

3．throw 语句

自定义的错误抛出操作使用 throw 语句。作为错误信息对象传出，该对象将被 catch 语句捕获。throw 语句可以使用在打算抛出异常的任意地方。

```
try{
    throw [自定义错误]          //throw 抛出异常
}catch(e){                    //catch 捕获异常，变量 e 引用
    [处理错误代码]             //错误处理语句，当错误发生时运行的代码
}
```

throw 语句一般与 try…catch 语句一起使用，从而达到控制程序流程的目的。当程序运行不符合逻辑要求时，可以自定义错误信息并输出。

【例 16-16】 异常处理语句示例。

```
<script language="JavaScript">
    try{
        var a=1;
        document.writee(a);          //写错 write 方法名，代码出现异常
    }catch(e){                       //catch 抓取异常
        document.write("e.toString()方法显示异常名："+e.toString());
                                     //e.toString()方法显示异常名
    }finally{                        //继续执行 finally 内的代码
        try{                         //另一层 try…catch 语句嵌套
            throw"自定义 Error";      //抛出自定义 Error
        }catch(e2){
            document.write("<br>");
            document.write("e2 捕获自定义异常："+e2.toString());
                                     //结果显示自定义错误信息 Error
        }
    }
</script>
```

运行效果如图 16-16 所示。

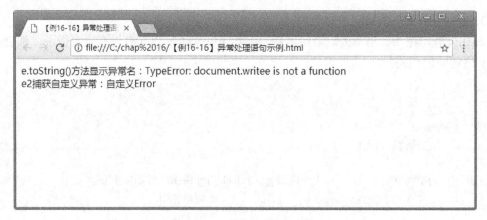

图 16-16　异常处理语句示例

16.5 JavaScript 数组

数组即 Array 对象，也是 JavaScript 中最常使用的对象之一。数组是一个有序集合，在 JavaScript 中十分灵活强大。Array 对象中也有许多特有的方法，便于对数组元素进行操作。

16.5.1 创建数组

JavaScript 不用声明数组类型，如同声明变量（见 16.2.2 节）一样，JavaScript 是弱类型语言，在声明数组时不用给数组指定类型。

创建数组的声明方法如下。

```
a = new Array();                 //创建一个数组
```

创建一个数组并指定一个长度，语法格式如下。

```
a = new Array([size]);           //size 为数组长度
```

创建一个数组并赋值，语法格式如下。

```
a = new Array([e1],[e2],[e3]…)   //e1、e2、e3…为所赋的值
```

创建一个数组并赋值的简写，注意这里的中括号不可省略。

```
var a = ["a", 1, "b", 2,];
```

16.5.2 数组的方法

数组元素的标志位是从 0 开始的，即数组第一个元素为 a[0]，第二个元素为 a[1]。

1．数组元素的获取

```
var x=a[1];      //变量 x 获取数组的第二个元素值
```

2．数组元素的添加

```
a.push([e1],[e2],[e3]…);         // 将一个或多个新元素添加到数组结尾，并返回数组新长度
a.unshift([e1],[e2],[e3]…);      // 将一个或多个新元素添加到数组开始，数组中的元素自动后
移，返回数组新长度
a.splice(P,0,"e1","e2","e3"…);   //将一个或多个新元素插入到数组的指定位置，插入位置的元素
自动后移，P 为插入新元素的位置，0 为删除的元素数目，e1、e2、e3…为插入的新元素
```

3．数组元素的删除

```
a.pop();         //删除最后一个元素
a.shift();       //删除最前一个元素，数组中的元素自动前移
a.splice(P,C);   //删除从指定位置 P 开始的指定数量 C 的元素，数组形式返回所移除的元素
```

4．数组的截取和合并

```
a.slice(start,end);          //以数组的形式返回数组从 start 位置开始到 end 位置之前的元素，注意
不包括 end 对应的元素，如果省略 end，将复制 start 之后的所有元素
a.concat(a1,a2,a3…);        //将多个数组 a1、a2、a3…连接为一个数组，返回连接好的新的数组
```

5．数组的复制

```
a1=a.slice();                //数组 a1 复制数组 a
a2=a.concat();               //数组 a2 复制数组 a
```

6．数组元素的排序

```
a.reverse();                 //反转元素（最前的排到最后，最后的排到最前）
a.sort();                    //对数组元素排序
```

7．数组方法表（见表 16-1）

表 16-1　数组方法表

concat()	连接两个或更多个数组，并返回结果
join()	把数组的所有元素放入一个字符串。元素通过指定的分隔符进行分隔
pop()	删除并返回数组的最后一个元素
push()	向数组的末尾添加一个或更多个元素，并返回新的长度
reverse()	颠倒数组中元素的顺序
shift()	删除并返回数组的第一个元素
slice()	从某个已有的数组返回选定的元素
sort()	对数组的元素进行排序
splice()	删除元素，并向数组添加新元素
toSource()	返回该对象的源代码
toString()	把数组转换为字符串，并返回结果
toLocaleString()	把数组转换为本地数组，并返回结果
unshift()	向数组的开头添加一个或更多个元素，并返回新的长度
valueOf()	返回数组对象的原始值

16.5.3　数组对象的属性

length 属性表示数组的长度，即其中元素的个数。因为数组的索引总是从 0 开始，所以一个数组的上下限分别是：0 和 length-1。和其他大多数语言不同的是，JavaScript 数组的 length 属性是可变的，这一点需要特别注意。当 length 属性被设置得更大时，整个数组的状态事实上不会发生变化，仅仅是 length 属性变大；当 length 属性被设置得比原来小时，则原先数组中索引大于或等于 length 的元素的值全部被丢失。举例如下。

```
var a=[1,2,3,4,5,6,7,8,9,10];     //定义了一个包含 10 个数字的数组
document.write(a.length);          //结果显示数组的长度 10
a.length=12;                       //增大数组的长度
```

```
document.write(a.length);          //结果显示数组的长度已经变为 12
alert(a[8]);                       //结果显示第 9 个元素的值，为 9
a.length=5;                        //将数组的长度减少到 5，索引等于或超过 5 的元素被丢弃
document.write(a[8]);              //显示第 9 个元素已经变为 undefined
a.length=10;                       //将数组长度恢复为 10
document.write(a[8]);             //虽然长度被恢复为 10，但第 9 个元素却无法收回，显示 undefined
```

通过上面的代码可以清楚地看到 length 属性的性质。

16.6　JavaScript 函数

函数是由事件驱动的或者当它被调用时执行的可重复使用的代码块。可以在某事件发生时直接调用函数，并且可由 JavaScript 在任何位置进行调用。

16.6.1　创建函数

```
function[函数名] (var1,var2,…) {          //var1、var2 等指的是传入函数的变量或值
    [代码]
}
function[函数名] (var1,var2,…) {
    [代码]
}
```

注意，JavaScript 对大小写敏感。function 这个词必须是小写的，否则 JavaScript 就会出错。另外需要注意的是，无参数的函数必须在其函数名后加括号，举例如下。

```
function 函数名 (){
    [代码]
}
```

16.6.2　函数的参数

JavaScript 函数的参数是函数与函数外交换数据的接口。函数外的数据通过参数传入函数内部进行处理，同时函数内部的数据也可以通过参数传到函数外。

1．参数规则

函数定义时圆括号里的参数称为形式参数，调用函数时传递的参数称为实际参数。JavaScript 函数定义时参数不介入传入多少，没有指定数据类型，甚至可以不传参数。这还是由 JavaScript 弱类型语言性质决定的。

```
myFunction1(1, 2);
    function myFunction1(x,y) {
        document.write(x+y);          //结果：3
    }
```

2．默认参数

当函数中的参数没有定义时，此时参数默认为 undefined。

```
function myFunction(x){
    document.write(x);        //结果：undefined
};
```

3．arguments 对象

JavaScript 函数有一个内置的对象——arguments 对象。如果定义了一个函数，但这个函数在其他的地方共用，在不同地方被执行时所传入的参数也是不同的。则这个参数不确定，所以无法在函数中声明具体参数，此时通过 arguments 对象就可以解决这个问题。

【例 16-17】 函数的参数示例。

```
<script language="JavaScript">
//函数参数传入示例
    myFunction1(1, 2);
    function myFunction1(x,y) {
        document.write("函数参数传入示例："+"</br>");
        document.write("传入参数 x，y 计算得："+(x+y)+"</br>");
    }
//arguments 对象示例
    document.write("arguments 对象示例 ："+"</br>");
    function myFunction() {
    document.write("传入参数长度为："+(arguments.length)+"</br>");
    }
    myFunction(1,2,3);
    myFunction("你好");
</script>
```

运行效果如图 16-17 所示。

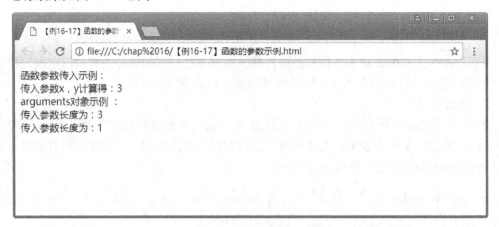

图 16-17　函数的参数示例

16.6.3 函数的返回类型

函数的返回值一般由 return 语句来定义。return 语句用于从当前函数退出并从函数返回一个值。函数的返回值有以下几种类型。

1．undefined 类型

当函数无明确返回值时，返回的是 undefined，举例如下。

```
function myFunction() {
}                                    //函数无返回值
document.write(myFunction());        //输出 undefined
```

2．boolean 类型

在 JavaScript 中，布尔值是一种基本的数据类型，返回的 boolean 类型中有 true 和 false 两个值，用于判断下一步操作是否进行。

3．string 类型

函数返回字符类型的值。

4．number 类型

函数返回数值类型的值。

【例 16-18】 函数返回值类型示例。

```
<script language="JavaScript">
    function myFunction1() {
    }
    document.write("返回了 undefined 类型："+myFunction1()+"</br>");

    function myFunction2() {
     if(1==1){
     return true;
     }
    }
    document.write("返回了 boolean 类型："+myFunction2()+"</br>");

    function myFunction3(){
        return("HelloJavaScript");
    }
    document.write("返回了 string 类型："+myFunction3()+"</br>");

    function myFunction4(){
     a = 123;
        return a;
    }
    document.write("返回了 number 类型："+myFunction4());
</script>
```

运行效果如图 16-18 所示。

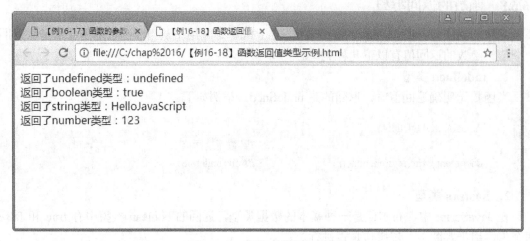

图 16-18   函数返回值类型示例

16.6.4   this 关键字

this 代表函数运行时自动生成的一个内部对象，只能在函数内部使用。举例如下。

```
function myFunction(){
    this.x = 1;
}
```

随着函数使用场合的不同，this 的值会发生变化。但是有一个总的原则，this 指的是调用函数的那个对象。谁调用了这个函数，函数中的 this 关键字就指向并代表这个对象。

this 存在的意义是什么？在实例化对象时，不能确定开发者会用什么变量名来调用这个函数。使用 this 关键字就可以使多个实例对象调用同一函数，而不用更改变量名。如果不使用 this 关键字，那么当对象调用函数显示属性时，程序将会把属性看作一个局部变量或全局变量，这样程序将无法实现自身的逻辑。举例如下。

```
document.write(this.color);      //this 指向对象调用属性
document.write(color);           //无法调用属性，没有对象指向它，系统看作变量处理
```

【例 16-19】   this 关键字使用示例。

```
<script language="JavaScript">
//this 关键字的作用
    var Car = new Object;
    Car.color = "red";
    Car.showColor1 = function() {
    document.write("对象 Car 直接调用 showColoer1 方法显示 color 属性："+(Car.color)+"</br>");
    };
    Car.showColor1();
```

```
        var Car = new Object;
        Car.color = "red";
        Car.showColor2 = function() {
          document.write("this 指向对象 Car 调用 showColor2 方法显示 color 属性，结果：
"+(this.color)+"</br>");
        };
        Car.showColor2();
    //this 示例
        function showColor() {
          document.write("这个车辆的颜色是："+(this.color)+"</br>");
        };                              //this 指代调用方法的对象，显示相应颜色
    //Car1 对象
        var Car1 = new Object;
        Car1.color = "red";
        Car1.showColor = showColor;
    //Car2 对象
        var Car2 = new Object;
        Car2.color = "blue";
        Car2.showColor = showColor;
    //调用方法
        Car1.showColor();
        Car2.showColor();
    </script>
```

运行效果如图 16-19 所示。

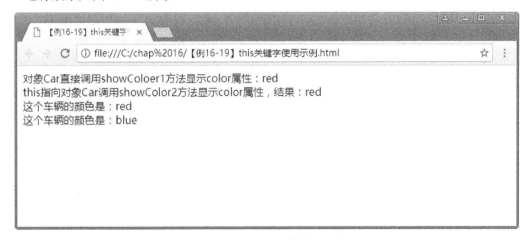

图 16-19　this 关键字使用示例

16.7　实验与练习

1. 堆栈是一种常用的数据结构，其中的数据线性存放，数据的存取遵循先进后出的规则。例如，数据入栈的顺序为"A, B, C"，出栈的顺序为"C, B, A"。数据入栈的操作常被

命名为 push, 出站为 pop, 操作过程与向机枪弹夹压入子弹和弹出子弹非常相似。现要求实现堆栈。

2．网页设计中，常在客户端验证表单数据的正确性和完整性。在此使用 JavaScript 实现登录表单的数据验证，要求用户名不能为空且不超过 20 个字符，密码不能为空且只能为数字，长度在 20 个以内。当密码或用户名格式错误时，使用异常处理语句进行提示并显示错误信息。

第17章　JavaScript 事件

JavaScript 事件是指用户与浏览器中的 Web 页面进行交互时，触发了网页元素的 JavaScript 函数的行为，如点击、悬停、键盘输入或者页面加载等，主要是用来响应用户的操作，以便创建可以交互的页面。

17.1　事件驱动与响应处理

在 JavaScript 中，事件产生之后，程序就要对其进行处理，响应某个事件的函数就是事件处理程序。比如事件处理程序的名称以 on 开头，如 click 事件的事件处理程序就是 onclick。

17.1.1　"发生—处理"模式

在 JavaScript 中，一个事件的完成会经过四个阶段，在这四个阶段中，W3C 的模型巧妙地将捕获和冒泡两种方式进行了结合：在处理事件时，先从顶端节点向下进行捕获，到达目标节点处理完毕后再向上冒泡，如图 17-1 所示。

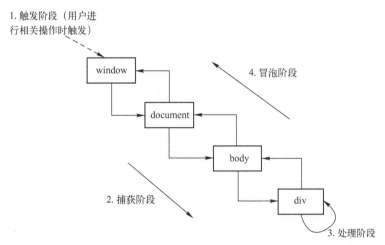

图 17-1　事件处理流程图

1．触发阶段

这是整个流程的初始阶段，在这个阶段会在各个节点进行相关设置，而这些设置为之后阶段的进行提供了准备条件。

2．捕获阶段

在事件发生后就会进入事件的捕获阶段，在此阶段事件会沿着 DOM 树从最高的

document 节点向子节点传递，直到目标节点——div 节点。

3．处理阶段

事件传递到目标节点后就会进入事件的处理阶段，在此阶段浏览器会查找到目标节点的事件监听器并且运行，这个目标节点即 div 节点，也就是触发事件的节点。

需要注意的是，事件被触发时，有事件监听器的节点和它的子节点事件监听器都会被执行。也就是说，事件被触发不仅对所在的节点产生作用，还会沿着 DOM 结构对其他相关的节点产生影响。

4．冒泡阶段

事件在处理完成后会进入冒泡阶段，在此阶段事件会沿着 DOM 树从目标节点 div 向父节点传递，直到最高的 document 节点。

17.1.2 事件的捕获和冒泡

事件的发生到处理过程中比较关键的就是处理时的捕获和冒泡。可以在不同的节点设置监听器，通过观察它们的响应顺序来验证捕获和冒泡的过程。

【例 17-1】所示为验证事件的捕获和冒泡的过程。

【例 17-1】 事件的捕获和冒泡。

```
<!DOCTYPE html>
<html>
<head>
    <title>事件的捕获和冒泡</title>
    <style type="text/css">
        body{margin:0;}
        #div1{
          width:250px;
          height:250px;
          border:1px solid;
          float:left;
        }
        #div2{
          width:200px;
          height:200px;
          border:1px solid;
          float:left;
        }
        #div3{
          width:150px;
          height:150px;
          border:1px solid;
          float:left;
        }
      #div4{
          width:250px;
          height:250px;
```

```
            border:1px solid;
            float:right;
            }
        #div5{
            width:200px;
            height:200px;
            border:1px solid;
            float:right;
            }
        #div6{
            width:150px;
            height:150px;
            border:1px solid;
            float:right;
            }
        #div7{
            width:120px;
            height:400px;
            }
    </style>
</head>
<body>
    <div id='div1'>
    <p>div1</p>
        <div id='div2'>
        <p>div2</p>
            <div id='div3'>
            <p>div3</p>
            <p>点击 div 观察捕获效果</p>
            </div>
        </div>
    </div>
    <div id='div4'>
    <p>div4</p>
        <div id='div5'>
        <p>div5</p>
            <div id='div6'>
            <p>div6</p>
            <p>点击 div 观察冒泡效果</p>
            </div>
        </div>
    </div>
    <div id='div7'><!--div7 为输出提示的 div-->
    </div>

    <script>
```

```
            var div1 = document.getElementById('div1');
            var div2 = document.getElementById('div2');
            var div3 = document.getElementById('div3');
            var div4 = document.getElementById('div4');
            var div5 = document.getElementById('div5');
            var div6 = document.getElementById('div6');
            var div7 = document.getElementById('div7');

            div1.addEventListener('click', function() {
                div7.innerHTML='在点击 div1 之后事件经过了 div1';
            }, true);
            div2.addEventListener('click', function() {
                div7.innerHTML=div7.innerHTML.replace(/在点击 div1 之后事件经过了 div1/g,"在点
击 div2 之后事件经过了 div1,div2");
                    //若点击 div2 会触发 div1，则可以成功替换
            }, true);
            div3.addEventListener('click', function() {
                div7.innerHTML=div7.innerHTML.replace(/在点击 div2 之后事件经过了 div1,div2/g,"
在点击 div3 之后事件经过了 div1,div2,div3");
                    //若点击 div3 会触发 div1，div2，则可以成功替换
            }, true);
            div4.addEventListener('click', function() {
                div7.innerHTML=div7.innerHTML.replace(/在点击 div5 之后事件经过了 div5,div4/g,"
在点击 div4 之后事件经过了 div4");
                    //若 div5 已替换完毕后点击 div4，则会从 div4 重新冒泡
                div7.innerHTML=div7.innerHTML.replace(/在点击 div5 之后事件经过了 div5/g,"在点
击 div5 之后事件经过了 div5,div4");
                    //若从 div5 开始冒泡，点击 div4，则可以成功替换
                div7.innerHTML=div7.innerHTML.replace(/在点击 div6 之后事件经过了 div6,div5/g,"
在点击 div6 之后事件经过了 div6,div5,div4");
                    //若从 div6 开始冒泡，点击 div4，则可以成功替换
            }, false);
            div5.addEventListener('click', function() {
                div7.innerHTML=div7.innerHTML.replace(/在点击 div6 之后事件经过了 div6,div5,div4/g,"在
点击 div5 之后事件经过了 div5");
                    //若 div6 已替换完毕后点击 div5，则会从 div5 重新冒泡
                div7.innerHTML=div7.innerHTML.replace(/在点击 div6 之后事件经过了 div6/g,"在点
击 div6 之后事件经过了 div6,div5");
                    //若从 div6 开始冒泡，点击 div5，则可以成功替换
            }, false);
            div6.addEventListener('click', function() {
                div7.innerHTML='在点击 div6 之后事件经过了 div6';
                    //点击 div6，从 div6 开始冒泡
            }, false);
        </script>
    </body>
```

```
        </html>
```

在这个例子中，div1、div2、div3 是父子节点，通过将 addEventListener 函数的最后一个参数设置为 true 来使它们的事件处理方式为捕获，此时事件从父节点传递到子节点，因此依次弹出 div1、div2、div3；div4、div5、div6 也是父子节点，通过将 addEventListener 函数的最后一个参数设置为 false 来使它们的事件处理方式为冒泡，此时事件从子节点传递到父节点，因此依次弹出 div6、div5、div4。图 17-2 所示为事件捕获和冒泡效果。

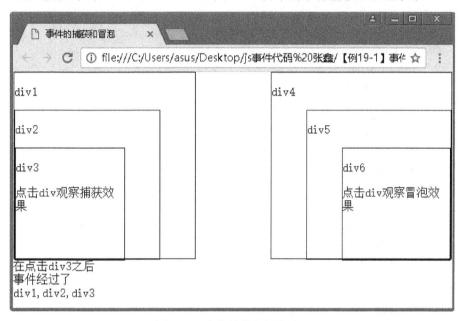

图 17-2　事件捕获和冒泡效果

17.2　鼠标移动事件

与鼠标移动相关的事件主要有 3 个：onmouseover 事件、onmousemove 事件及 onmouseout 事件。

onmouseover 事件是当鼠标移动到某对象范围的上方时触发的事件；onmousemove 事件是当鼠标移动时触发的事件；onmouseout 事件是当鼠标移出指定对象时触发的事件。

需要注意的是：每当用户的鼠标移动一个像素，都会触发一次 onmousemove 事件，这会耗费许多的系统资源，所以使用时要谨慎。

【例 17-2】　鼠标移动事件示例。

```
<!DOCTYPE html>
<html>
<head>
    <title>鼠标移动事件示例</title>
    <style type="text/css">
        body{margin:0;}
```

```css
        #div1{
            width:150px;
            height:150px;
    border:1px solid;
    position: relative;
            left:0px;
            top:0px;
            }
        #div2{
            width:150px;
            height:150px;
    border:1px solid;
    position: relative;
            left:152px;
            top:-152px;
            }
        #div3{
            width:150px;
            height:150px;
    border:1px solid;
    position: relative;
            left:302px;
            top:-304px;
            }
        #div4{
            width:160px;
            height:400px;
    position: relative;
    left:0px;
            top:-300px;
            }
    </style>
</head>
<body>
    <div id='div1' onmouseover="div4.innerHTML=div4.innerHTML+'鼠标已移动到图片上！'">
    <!--触发事件时将提示在 div4 上输出-->
<p>div1</p>
    </div>
    <div id='div2' onmousemove="div4.innerHTML=div4.innerHTML+'鼠标刚才经过了图片！'">
    <p>div2</p>
    </div>
    <div id='div3' onmouseout="div4.innerHTML=div4.innerHTML+'鼠标已经离开了图片！'">
    <p>div3</p>
    </div>
    <div id='div4'><!--div4 为输出提示的 div-->
    </div>
```

```
        </body>
        </html>
```

如图 17-3 所示，图中 div1、div2、div3 分别为 onmouseover、onmousemove、onmouseout 事件的示例，触发相应的事件时结果在下方输出。

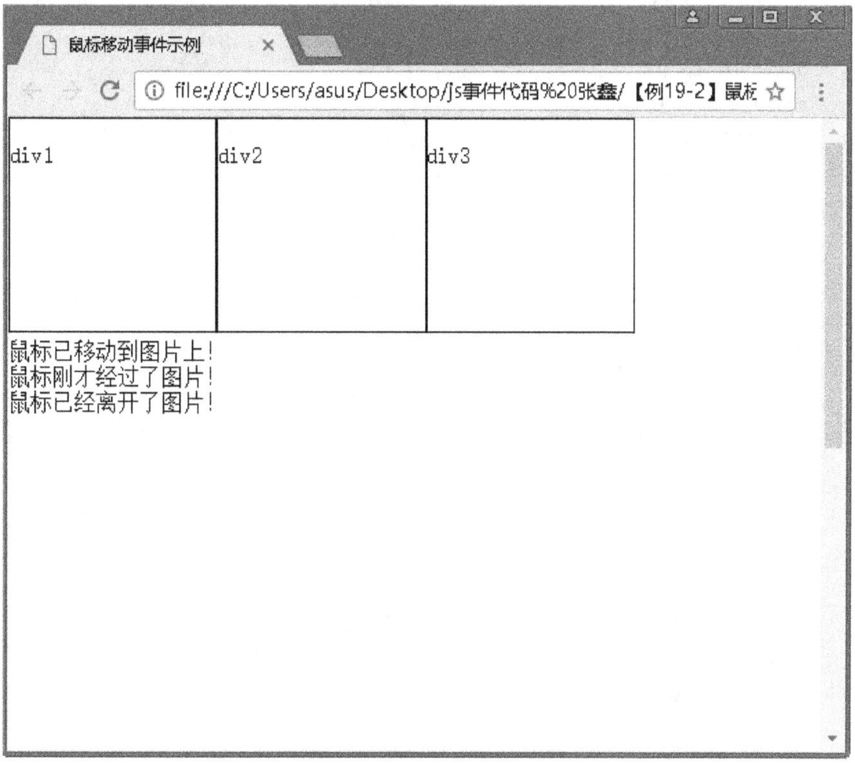

图 17-3　鼠标移动事件效果

17.3　鼠标点击事件

与鼠标点击有关的事件主要有 4 个：onclick 事件、ondblclick 事件、onmousedown 事件及 onmouseup 事件。其中的 onmousedown 事件和 onmouseup 事件一般捆绑使用。

onclick 事件是在对象被单击时触发的事件；ondblclick 事件是在对象被双击时触发的事件；onmousedown 是鼠标按键被点击时触发的事件；onmouseup 是鼠标按键被松开时触发的事件。

📖 注意：onclick 与 onmousedown、onmouseup 不同，单击事件是在同一个元素上发生了鼠标点击事件之后又发生了鼠标松开事件时所触发的事件。

【例 17-3】　鼠标点击事件示例。

```
        <!DOCTYPE html>
        <html>
```

```html
<head>
    <title>鼠标点击事件示例</title>
    <style type="text/css">
        body{margin:0;}
        #div1{
          width:150px;
          height:150px;
border:1px solid;
position: relative;
          left:0px;
          top:0px;
          }
        #div2{
          width:150px;
          height:150px;
border:1px solid;
position: relative;
          left:152px;
          top:-152px;
          }
        #div3{
          width:150px;
          height:150px;
border:1px solid;
position: relative;
          left:302px;
          top:-304px;
          }
        #div4{
          width:150px;
          height:150px;
border:1px solid;
position: relative;
          left:452px;
          top:-456px;
          }
        #div5{
          width:120px;
          height:400px;
position: relative;
left:0px;
          top:-450px;
          }
    </style>
</head>
<body>
```

```
    <div id='div1' onclick="div5.innerHTML=div5.innerHTML+'你单击了 div！'">
    <!--触发事件时将提示在 div5 上输出-->
<p>div1</p>
    </div>
    <div id='div2' ondblclick="div5.innerHTML=div5.innerHTML+'你双击了 div！'">
    <p>div2</p>
    </div>
    <div id='div3' onmousedown="div5.innerHTML=div5.innerHTML+'你按下了鼠标！'">
    <p>div3</p>
    </div>
    <div id='div4' onmouseup="div5.innerHTML=div5.innerHTML+'你松开了鼠标！'">
    <p>div4</p>
    </div>
    <div id='div5'><!--div5 是输出提示的 div-->
    </div>
</body>
</html>
```

如图 17-4 所示，图中 div1、div2、div3、div4 分别为 onclick、ondblclick、onmousedown 和 onmouseup 事件的示例，触发相应的事件时结果在下方输出。

在上述例子的代码中，需要注意的是后两个事件 onmousedown 和 onmouseup，这两个事件所展现的效果相似，但仔细观察还是有区别的，第一个是在点击时立刻弹出对话框，而第二个是在点击结束时才弹出对话框，长按点击就可以看出其中的区别。

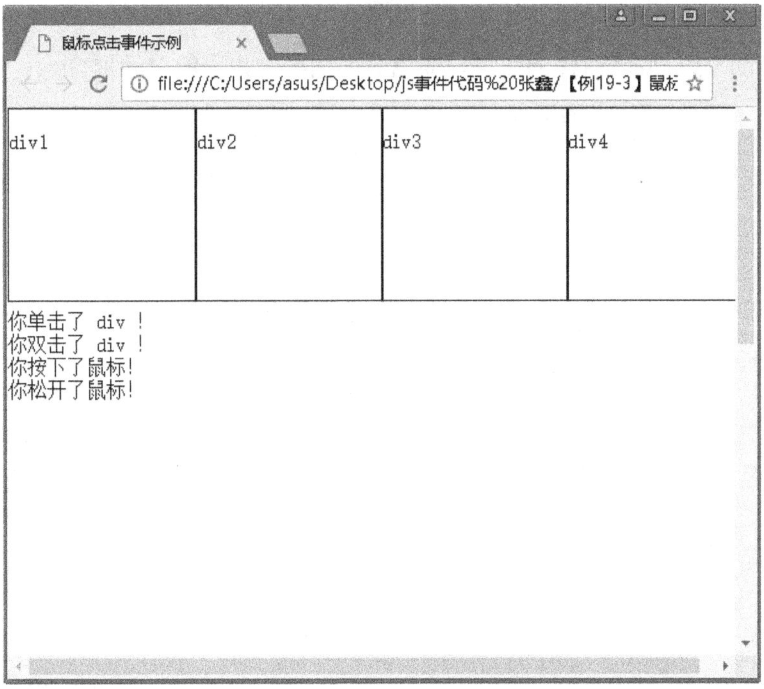

图 17-4　鼠标点击事件效果

17.4 页面加载与卸载事件

在实际的需求中，常常需要在页面加载和卸载时进行一些动作，此时就用到了页面加载事件 onload 和页面卸载事件 onbeforeunload。下面将分别介绍这两个事件。

onload 事件是在页面或图片加载完毕之后立即发生的。onbeforeunload 事件是在页面卸载前发生的。

onload 事件是常用的事件，一般的网页都需要在初次加载时进行某些动作，所以 onload 事件是必不可少的。onbeforeunload 还可以通过 return 来自定义卸载前弹出框的内容。在重新加载页面时，会先卸载页面执行 onbeforeunload 事件，然后在加载页面时再执行 onload 事件。需要注意的是，onbeforeunload 事件在部分浏览器（如 Chrome 浏览器）中虽然兼容，但是无法自定义弹出框。

【例 17-4】 页面加载与卸载事件示例。

```html
<!DOCTYPE html>
<html>
<head>
    <title>页面加载与卸载事件示例</title>
</head>
<body onload="alert('页面加载完毕！')" onbeforeunload="return '确认离开？'">
<!--触发事件弹出提示-->
</body>
</html>
```

图 17-5 所示为 onload 事件的效果，即当页面加载时弹出的对话框。

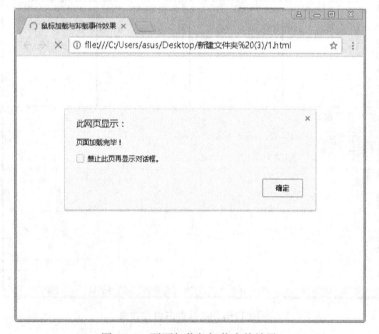

图 17-5 页面加载与卸载事件效果

17.5　获得与失去焦点事件

17.5.1　获得焦点事件

当对象获得焦点时触发 onfocus 事件。语法格式如下。

```
onfocus="你的 JS 代码"
```

【例 17-5】　输入框获得焦点事件。

```
<html>
<head>
            <meta charset="UTF-8">
            <title>onfocus 事件</title>
</head>
<body>
<form>
账户: <input type="text" onfocus=alert("您选择了输入账户") id="userName"/>
<br/>
密码: <input type="password" onfocus=alert("您选择了输入密码") id="password"/>
</form>
</body>
</html>
```

两个输入框分别设置了 onfocus 事件，当输入框获取焦点后，会弹出提示对话框，如图 17-6 所示。

图 17-6　输入框获得焦点事件

17.5.2　失去焦点事件

与获取焦点事件相反，当对象失去焦点时触发 onblur 事件。语法格式如下。

```
onblur="你的 JS 代码"
```

【例 17-6】 输入框失去焦点事件。

```
<html>
    <head>
        <meta charset="UTF-8">
        <title>onblur 事件</title>
    </head>
    <body>
        <form>
            账户: <input type="text" onblur=alert("账户输入框失去了焦点") id="userName"/>
            <br/>
            密 码: <input type="password" onblur=alert("密码账户输入框失去了焦点")
id="password"/>
        </form>
    </body>
</html>
```

在代码中为两个输入框分别设置了 onblur 事件，当输入框从获取焦点变为失去焦点后，触发此事件，弹出提示对话框，如图 17-7 所示。

图 17-7　输入框失去焦点事件

17.6　键盘事件

17.6.1　按键被按下事件

当按下一个键盘按键时，触发 onkeydown 事件。语法格式如下。

```
<element onkeydown="你的 JS 代码">
```

【例 17-7】 按键被按下事件。

```
<!DOCTYPE html>
<html>
    <head>
```

```
            <meta charset="utf-8">
            <title>onkeydown 事件</title>
            <script>
                function test(){
                    alert("按键被按下");
                }
            </script>
        </head>
        <body>
            请在输入框内按下一个按键
            <br/>
            <input type="text" onkeydown="test()">
        </body>
    </html>
```

在上面代码中，在输入框中按下任何一个按键后，均会执行 test()中的代码，即弹出提示框。为了能体现出事件触发的时机是键盘按下而不是释放，可以按住键盘上的某一按键不松开，浏览器仍然会弹出提示，如图 17-8 所示。

图 17-8 按键被按下事件

17.6.2 按键被释放事件

当一个按键被释放时触发 onkeyup 事件。语法格式如下。

```
<input type="text" onkeyup="你的 JS 代码">
```

注意：onkeypress 事件并不能适用于所有按键（如〈Alt〉〈Ctrl〉〈Shift〉和〈Esc〉键）。按一次按键输入两个相同字符。

【例 17-8】 按键被释放事件。

```
<!DOCTYPE html>
<html>
```

```
        <head>
            <meta charset="utf-8">
            <title>onkeyup 事件</title>
            <script>
                function test(){
                    var x=document.getElementById("content");
                    x.value=x.value + x.value;
                }
            </script>
        </head>
        <body>

            请在输入框内释放一个按键
            <br/>
            <input type="text" id="content" onkeyup="test()">

        </body>
    </html>
```

代码中，当用户释放了某个按键时触发 onkeyup 事件，输入两个按下的字符。同样的，可以发现，在按键被松开前，输入框的内容不会多出一倍，这样可以验证 onkeyup 事件是释放按键后触发的，如图 17-9 所示。

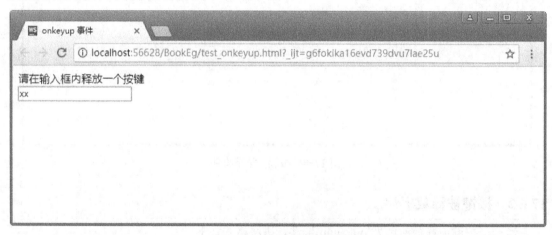

图 17-9　按键被释放事件

17.6.3　按键按下后释放事件

当按下一个按键并释放时触发 onkeypress 事件。语法格式如下。

```
<element onkeypress="你的 JS 代码">
```

【例 17-9】　按键按下后释放事件。

```
<!DOCTYPE html>
```

```
<html>
    <head>
        <meta charset="utf-8">
        <title>onkeypress 事件</title>
        <script>
            function test(){
                alert("按下了一个按键");
            }
        </script>
    </head>
    <body>
        在输入框内按下一个按键
        <input type="text" onkeypress="test()">
    </body>
</html>
```

当用户按下并释放一个按键后,触发 onkeypress 事件,弹出提示框,如图 17-10 所示。

图 17-10　按键按下后释放事件

17.7　提交与重置事件

17.7.1　提交事件

onsubmit 事件在表单提交时触发。语法格式如下。

```
<element onsubmit="你的 JS 代码">
```

【例 17-10】　表单提交后弹窗提示。

```
<!DOCTYPE html>
<html>
    <head>
        <meta charset="utf-8">
```

```
            <title>onsubmit 事件</title>
            <script>
                function submitFunction() {
                    var love = document.getElementById("love");
                    alert("提交内容为：" + love.value);
                }
            </script>
        </head>
        <body>
        <form action="#" onsubmit="submitFunction()">
            输入您的兴趣爱好
            <br>
            <input type="text" name="love" id="love">
            <br>
            <input type="submit" value="提交">
        </form>
        </body>
    </html>
```

上面代码放置了一个输入框和一个提交按钮，这些控件放入一个表单中。当点击"提交"按钮后，会弹出提示框提示提交的内容，如图 17-11 所示。

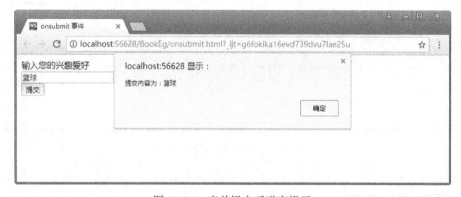

图 17-11　表单提交后弹窗提示

17.7.2　重置事件

onreset 事件在表单被重置后触发。语法格式如下。

```
<element onreset="你的 JS 代码">
```

【例 17-11】　表单重置后弹窗提示。

```
<!DOCTYPE html>
<html>
    <head>
        <meta charset="utf-8">
```

```
            <title>onreset 事件</title>
        </head>
        <body>
            <form onreset="alert('表单已重置');" >
                用户名: <input type="text" id="name">
                <br>
                密码: <input type="password" id="password">
                <br>
                <input type="reset">
            </form>
        </body>
    </html>
```

上面代码放置了两个输入框和一个重置按钮，这些控件放入一个表单中。当点击"重置"按钮后，先弹出提示框，然后表单中的输入框均被重置，如图 17-12 所示。

图 17-12　表单重置后弹窗提示

17.8　选择与改变事件

17.8.1　选择事件

onselect 事件是当文本框的内容被选中时所发生的事件。onselect 属性可用于<input type="file">、<input type="password">、<input type="text">、<keygen>和<textarea>。语法格式如下。

```
<element onselect="你的 JS 代码">
```

【例 17-12】　当文本框的内容被选中时弹出提示框。

```
<!DOCTYPE html>
<html>
    <head>
        <meta charset="utf-8">
```

```
            <title>onselect 事件</title>
            <script>
                function myFunction(){
                    alert("选中了一些文本");
                }
            </script>
        </head>
        <body>
            <input type="text" value="请选中部分文本" onselect="myFunction()">
        </body>
    </html>
```

当表单内的文字输入框内容被选中时，弹出提示，如图 17-13 所示。

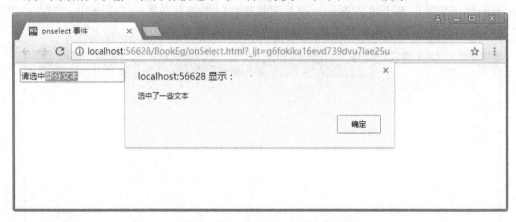

图 17-13　文字被选中后弹窗提示

17.8.2　改变事件

onchange 事件会在域的内容改变时发生。该事件也可用于单选按钮与复选框改变后触发的事件。语法格式如下。

```
<element onchange="你的 JS 代码">
```

【例 17-13】　当下拉列表框内容被改变时弹出提示框。

```
<!DOCTYPE html>
<html>
    <head>
        <meta charset="utf-8">
        <title>onchange 事件</title>
        <script>
            function myFunction(){
                var sex = document.getElementById("sex");
                alert("您选择的是："+ sex.value);
            }
```

```
                </script>
            </head>
            <body>
            请选择您的性别：
            <br>
            <form action="#">
                <select id="sex" onchange="myFunction()">
                    <option value="男">男</option>
                    <option value="女">女</option>
                </select>
            </form>
            </body>
        </html>
```

当下拉列表框内容被改变时会先弹出提示，然后下拉列表框改变为所选内容，如图 17-14 所示。

图 17-14　文字被选中后弹窗提示

17.9　实验与练习

制作一个用户登录界面，实现以下几个功能。

1）当用户鼠标移到用户名输入框并输入字符时，通过 onkeydown 事件提示"您正在输入"。

2）当输入框失去焦点时，进行登录验证功能，检查用户名和密码是否为空。

3）当点击单选按钮记住密码时，用 onchange 事件提示"您选择了记住密码"。

4）当点击登录按钮后，会进行验证，通过 onsubmit 事件提示"登录成功"，如果验证不通过，则不能提交。

5）当点击重置按钮后，会清空所有的输入信息，并且通过 onreset 事件提示"表单已重置"。

第18章 JavaScript 对象

JavaScript 中的所有事物都是对象，如字符串、数值、数组和函数等。可以说，JavaScript 通过对象提供几乎所有的功能。另外，JavaScript 也允许用户自定义对象。本章主要学习 JavaScript 是如何构建和使用自定义对象的，并介绍 JavaScript 自有客户端对象属性及方法的相关知识。

18.1 构建自定义对象并使用

JavaScript 中的所有事物都是对象，包括字符串、数值、数组和函数等。此外，JavaScript 允许自定义对象。

通过 JavaScript，能够定义并创建自己的对象。通常使用函数来自定义对象，然后创建新的对象实例。

【例 18-1】 使用函数自定义并创建一个对象实例。

```html
<!DOCTYPE HTML>
<html>
<body>
    <script>
                //使用构造函数创建对象
                function Person(name,age)
                {
                    this.name= name;
                    this.age= age;
                    this.setName = function(name){
                            this.name=name;
                    }
                }
                //创建对象实例
                var p1= new Person("Tom",24);
                p1.setName("John");
                document.write(p1.name,p1.age);
    </script>
    </body>
</html>
```

运行结果如图 18-1 所示。

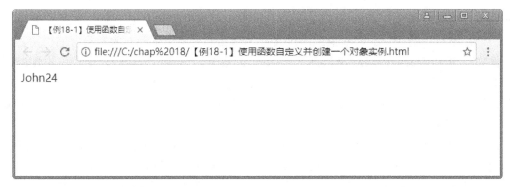

图 18-1　使用函数自定义并创建一个对象实例效果图

【例 18-1】创建了一个构造函数 Person()，并为其添加了两个属性 name 和 age，以及一个 setName(name)方法。接着使用 var p1= new Person("Tom",24)创建了一个对象实例 p1，并设置了 name 和 age 的值。而后 p1 调用了 setName(name)方法，将 p1 的 name 属性值改为 John，最后输出 p1 对象的年龄和姓名。

18.2　客户端对象层次结构

上一节介绍了自定义对象的创建与使用，接下来详细介绍 JavaScript 客户端各个对象的属性和方法。首先来认识一下客户端对象之间的层次结构，如图 18-2 所示。

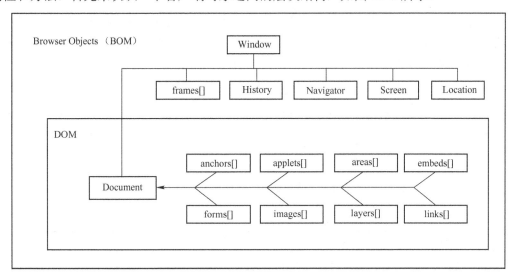

图 18-2　客户端对象层次结构图

BOM（Browser Object Mode）是指浏览器对象模型，是用于描述这种对象与对象之间层次关系的模型，浏览器对象模型提供了独立于内容的、可以与浏览器窗口进行互动的对象结构。BOM 由多个对象组成，其中代表浏览器窗口的 Window 对象是 BOM 的顶层对象，其他对象都是从 Window 对象辐射出来的，是该对象的子对象。JavaScript 变量只不过是当前窗口对象的属性，每个 JavaScript 表达式都在当前窗口对象的上下文中计算。因此，JavaScript 中的任何其他对象只能通过 Window 对象引用。例如，Window 对象包含一个

document（文档）属性，window.document 表示与窗口相关联的 Document（文档）对象。

另外，通过当前 Window 对象或通过其他 Window 对象引用的对象本身可以引用其他对象。例如，每个 Document 对象都有一个 forms[]数组，该数组包含表示文档中出现的任何 HTML 表单的表单对象。self.document.forms[0]表示当前窗口 Document 对象的第一个 form 表单；每个表单对象都包含 element[] 数组，该数组包含表单中出现的各种 HTML 表单元素（输入字段、按钮等）。

此外，JavaScript 按文档对象模型（Document Object Model，DOM）的标准实现了接口，定义了如何操作 HTML 或 XML 文档内容。当页面被加载时，浏览器会根据 DOM 模型，将 HTML 解析成一系列的节点，再由这些节点组成一个树状结构（DOM Tree），Document 是最顶层的节点，它代表了整个文档。

DOM 的优势主要表现为：易用性强，使用 DOM 时，将把所有的 HTML 文档信息都存储于内存中，而且遍历简单。缺点是效率低，解析速度慢，内存占用率过高，对于大文件来说几乎不可能使用。

后面章节会详细介绍图 18-2 中出现的各个对象和 HTMLDOM。

18.3　Window 对象

18.3.1　Window 对象属性

Window 对象表示浏览器中打开的窗口。如果文档包含框架（frame 或 iframe 标签），浏览器会为 HTML 文档创建一个 Window 对象，并为每个框架创建一个额外的 Window 对象。下面详细介绍 Window 对象的属性，如表 18-1 所示。

表 18-1　Window 对象属性表

属　　性	描　　述
closed	返回窗口是否已被关闭
document	对 Document 对象的只读引用。请参阅 Document 对象
history	对 History 对象的只读引用。介绍 History 对象时会详细说明
location	用于窗口或框架的 Location 对象。介绍 Location 对象时会详细说明
name	设置或返回窗口的名称
navigator	对 Navigator 对象的只读引用。介绍 Navigator 对象时会详细说明
opener	返回对此窗口的父窗口的引用
parent	返回父窗口
self	返回对当前窗口的引用。等价于 window 属性
top	返回最顶层的先辈窗口
screen	对 Screen 对象的只读引用。介绍 Screen 对象时会详细说明

在介绍 Window 对象属性之前，先讲解一下 Window 对象的 open()和 close()方法。
- open()方法：用于打开一个新的浏览器窗口或查找一个已命名的窗口。
- close()方法：关闭浏览器窗口。

- opener 属性：创建的窗口可以引用创建它的窗口所定义的属性和函数。只有表示顶层窗口的 Window 对象的 operner 属性才有效，表示框架的 Window 对象的 operner 属性无效。
- top 属性：该属性返回对一个顶级窗口的只读引用。如果窗口本身就是一个顶级窗口，top 属性存放对窗口自身的引用；如果窗口是一个框架，那么 top 属性引用包含框架的顶层窗口。
- closed 属性：当浏览器窗口关闭时，表示该窗口的 Windows 对象并不会消失，它将继续存在，不过它的 closed 属性将设置为 true。
- name 属性：name 是在 open() 方法创建窗口时指定的或者使用一个 <frame> 标记的 name 属性指定的。窗口的名称可以用作一个 <a> 或者 <form> 标记的 target 属性的值。以这种方式使用 target 属性声明了超链接文档或表单提交结果应该显示于指定的窗口或框架中。

【例 18-2】 open()、close()方法、opener、top、closed 和 name 属性实例。

```html
<html>
    <head>
        <meta charset= " UTF-8">
        <script type="text/javascript">
            function ifClosed()
            {
                document.write("经 closed 属性判断得窗口已关闭! <br>");
            }
            function ifNotClosed()
            {
                document.write("经 closed 属性判断得窗口正常，没有关闭!<br>");
            }
            function showWin()
            {
                 if (this.closed)
                     ifClosed();
                else
                {
                    ifNotClosed();
                    document.write("使用 name 属性得窗口的名字是: " + this.name);

                }
            }
        </script>
    </head>
    <body>
        <script type="text/javascript">
            //使用 window.open()方法创建一个新窗口 1
            myWindow1=window.open(",','width=200,height=100');
            //使用 window.self.open()方法创建一个新窗口 2
```

```
                    myWindow2=self.open("",'',width=200,height=50');
                    //向新窗口1中写入文本内容
                    myWindow1.document.write("我是新窗口1! ");
                    //向新窗口2中写入文本内容
                    myWindow2.document.write("我是新窗口2! ");
                    myWindow1.focus();
                    myWindow1.opener.document.write("myWindow1 使用 opener 属性操作父窗
口：我是父窗口！<br>");

                    parent.document.write("使用 parent 属性操作父窗口：我是父窗口！<br>");
                    parent.document.write("根据 top 属性和 self 属性用法验证 mywindow2 是否
是顶层窗口:"+(myWindow2.top==myWindow2.self));
                    //使用 close()方法创建一个关闭窗口的函数
                    function closeWin()
                    {
                        myWindow2.close();
                    }
                </script>
                <br>
                <input type="button" value="获取'myWindow1 窗口'的信息" onclick="showWin()">
                <input type="button" value="关闭 'myWindow2 窗口'"onclick="closeWin()" />
            </body>
        </html>
        </html>
```

运行结果如图 18-3 所示。

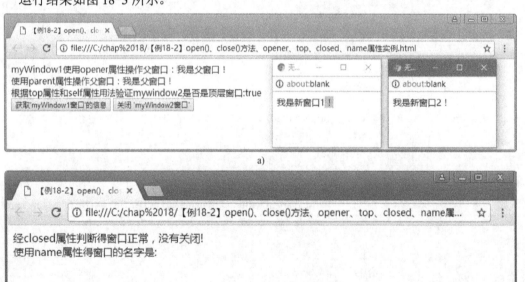

图 18-3 【例 18-2】执行结果

a) 弹出新窗口　b) 点击按钮后效果图

📖　注：若窗口无法弹出，请将浏览器设置为允许弹出窗口。

18.3.2 Window 对象方法

下面详细介绍 Window 对象方法，如表 18-2 所示。

表 18-2　Window 对象方法表

方　　法	描　　述
alert()	显示带有一段消息和一个确认按钮的警告框
clearInterval()	取消由 setInterval()方法设置的 timeout
clearTimeout()	取消由 setTimeout()方法设置的 timeout
confirm()	显示带有一段消息，以及确认按钮和取消按钮的对话框
close()	关闭浏览器窗口
open()	打开一个新的浏览器窗口或查找一个已命名的窗口
moveBy()	可相对窗口的当前坐标把它移动指定的像素
moveTo()	把窗口的左上角移动到一个指定的坐标
print()	打印当前窗口的内容
prompt()	显示可提示用户输入的对话框
scrollBy()	按照指定的像素值来滚动内容
scrollTo()	把内容滚动到指定的坐标
setInterval()	按照指定的周期（以毫秒计）来调用函数或计算表达式
setTimeout()	在指定的毫秒数后调用函数或计算表达式

- clearInterval()：参数必须是由 setInterval() 返回的 ID 值。
- clearTimeout ()：参数是由 clearTimeout () 返回的 ID 值。
- setInterval()：方法会不停地调用函数，直到 clearInterval()被调用或窗口被关闭。
- setTimeout()：只执行 code 一次。如果要多次调用，请使用 setInterval()或者让 code 自身再次调用 setTimeout()。

【例 18-3】 使用 setInterval()和 setTimeout()方法实现计时。

```html
<html>
    <body>
            <script type = "text/javascript ">
            var a=0;
             var t;
            //使用 setTimeout()创建开始计时函数
            function timedCount()
            {
                document.getElementById('text').value=a;
                a=a+1;
                t=setTimeout("timedCount()",1000);
            }
            //使用 clearTimeout ()创建停止计时函数
            function stopCount()
            {
                clearTimeout(t);
```

```
                }
        </script>
        <form>
            <input type="button" value="开始计时" onClick="timedCount()">
            <input type="text" id="text">
            <input type="button" value="停止计时" onClick="stopCount()">
        </form>
        <input type="text" id= "time" size= "40"/>
            <script type="text/javascript">
                //使用 setInterval ()每隔 50 毫秒执行一次 time()函数并获取其时间值
                var int=self.setInterval("time()",50);
                //创建获取当前时间并从文本框显示函数
                function time()
                {
                    var t=new Date();
                    document.getElementById("time").value=t;
                }
            </script>
            <button onclick ="int=window.clearInterval(int) "> 停止时间 </button>
        </body>
    </html>
```

运行结果如图 18-4 所示。

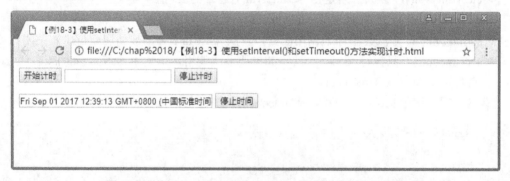

图 18-4　使用 setInterval()和 setTimeout()方法实现计时效果

- confirm()：如果用户点击确定按钮，则 confirm() 返回 true；如果点击取消按钮，则 confirm()返回 false。在用户点击确定按钮或取消按钮把对话框关闭之前，它将阻止用户对浏览器的所有输入。在调用 confirm()时，将暂停对 JavaScript 代码的执行，在用户做出响应之前，不会执行下一条语句。对话框按钮的文字是不可改变的，因此请谨慎编写问题或消息，使它适合用确认和取消来回答。

- prompt()：如果用户单击提示框的取消按钮，则返回 null；如果用户单击确认按钮，则返回输入字段当前显示的文本。在用户点击确定按钮或取消按钮把对话框关闭之前，它将阻止用户对浏览器的所有输入。在调用 prompt() 时，将暂停对 JavaScript 代码的执行，在用户做出响应之前，不会执行下一条语句。

- print()：调用 print() 方法所引发的行为，就像用户单击浏览器的打印按钮。通常，这会产生一个对话框，让用户可以取消或定制打印请求。

【例 18-4】 显示弹框效果（alert()、confirm()、prompt()和 print()）方法使用实例。

```html
<html>
    <head>
                <meta charset="UTF-8">
                <script type="text/javascript">
                    function display_alert()
                    {
                            alert("使用 alert()显示消息框：你好");
                    }
                    //使用 confirm()方法实现显示显示框函数
                    function show_confirm()
                    {
                            var r=confirm("这是使用 confrim()方法创建的一个对话框吗？如果是
请点击确定按钮，如果是不请点击取消按钮");
                            if (r==true)
                            {
                                    alert("这是使用 confrim()方法创建的一个对话框！ ");
                            }
                            else
                            {
                                    alert("这不是使用 confrim()方法创建的一个对话框！ ");
                             }
                    }
                    //使用 prompt()方法实现显示提示框函数
                    function disp_prompt()
                    {
                            var name=prompt("请输入你的名字：","");
                            if (name!=null && name!="")
                            {
                                    document.write("使用 prompt()输入名字后的显示效果："+"Hello " +
name + "!");
                            }
                    }
                    //使用 print()实现打印当前窗口的内容函数
                    function printpage()
                    {
                            window.print();
                    }
                </script>
    </head>
    <body>
        <input type="button" onclick="display_alert()" value="显示消息框(alert())"/>
        <input type="button" onclick="show_confirm()" value="显示对话框(confirm())"/>
```

```
                    <input type="button" onclick="disp_prompt()" value="显示提示框(prompt())"/>
                    <input type="button" onclick="printpage()" value="打印页面(print())"/>
        </body>
    </html>
```

运行结果如图 18-5 所示，以显示对话框为例说明。

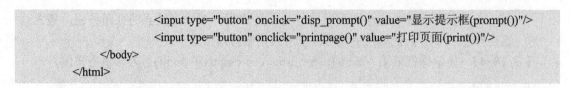

a)

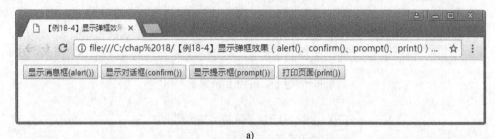

b)

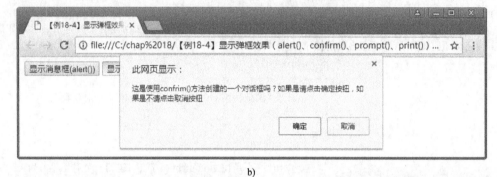

c)

图 18-5 【例 18-4】执行结果

a) 初始页面　b) 对话框 1 效果　c) 对话框 2 效果

【例18-5】 移动窗口（.moveBy()、moveTo()）和文本内容滚动（scrollBy()、scrollTo()）方法使用实例。

```
    <html>
        <head>
                <script type="text/javascript">
                    function moveWin1()
                    {
```

```
                        //使用 moveBy()相对窗口的当前坐标向右和向下各移动 50 像素
                        myWindow.moveBy(50,50)
                        myWindow.focus()
                    }
                function moveWin2()
                {
                        //使用 moveTo()将窗口左上角移动到（500，300）位置
                        myWindow.moveTo(500,300)
                        myWindow.focus()
                    }
                function scrollWindow1()
                {
                        //把文档内容向右向下各滚动 100 像素
                        window.scrollBy(100,100);
                }
                function scrollWindow2()
                {
                        //把文档内容显示区左上角滚动到（200.500）位置
                        window.scrollTo(200,500)
                    }
            </script>
        </head>
        <body>
                <script type="text/javascript">
                    myWindow=window.open('','','width=200,height=100')
                    myWindow.document.write("This is 'myWindow'")
                </script>
                <input type="button" value=" 通过 moveBy()移动 myWindow" onclick=
"moveWin1()" />

                <input type="button" value=" 通过 moveTo()移动 myWindow" onclick=
"moveWin2()" />

                <input type="button" onclick="scrollWindow1()" value="通过 scrollBy()滚动
文本内容" />

                <input type="button" onclick="scrollWindow2()" value=通过 scrollBy()滚动文
本内容"/>
                <p>文</p>
                <br />
                <p>本</p>
                <br />
                <p>内</p>
                <br />
                <p>容</p>
                <br />
        </body>
    </html>
```

运行结果如图 18-6 所示，以通过 moveBy()移动 myWindow 为例说明。

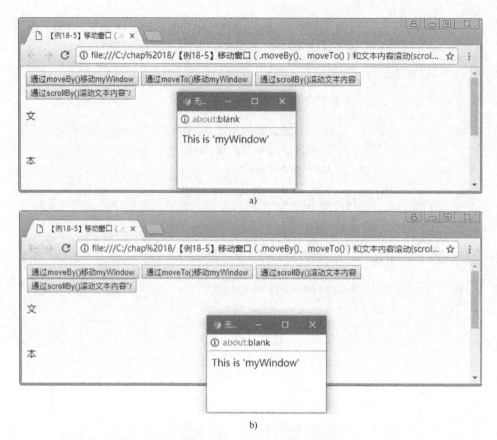

图 18-6 【例 18-5】运行结果

a) 初始页面　b) 通过 moveBy()移动 myWindow 效果

18.4 屏幕 Screen 对象

每个 Window 对象的 screen 属性都引用一个 Screen 对象。Screen 对象中存放着有关显示浏览器屏幕的信息。JavaScript 程序将利用这些信息来优化它们的输出，以达到用户的显示要求。例如，一个程序可以根据显示器的尺寸选择使用大图像还是小图像，它还可以根据显示器的颜色深度选择使用 16 位色还是 8 位色的图形。另外，JavaScript 程序还能根据有关屏幕尺寸的信息将新的浏览器窗口定位在屏幕中间。下面详细介绍 Screen 对象的属性，如表 18-3 所示。

表 18-3　Screen 对象属性表

属　　　性	描　　　述
availHeight	返回显示屏幕的高度（除 Windows 任务栏之外）
availWidth	返回显示屏幕的宽度（除 Windows 任务栏之外）
colorDepth	返回目标设备或缓冲器上的调色板的比特深度
height	返回显示屏幕的高度
pixelDepth	返回显示屏幕的颜色分辨率（比特每像素）
width	返回显示屏幕的宽度

【例 18-6】 检测有关屏幕机的细节。

```html
<html>
    <body>
        <script type="text/javascript">
            document.write("屏幕分辨率: ");
            document.write(screen.width + "*" + screen.height);
            document.write("<br />");
            document.write("可用的视图区域：");
            document.write(screen.availWidth + "*" + screen.availHeight);
            document.write("<br />");
            document.write("颜色深度: ");
            document.write(screen.colorDepth);
            document.write("<br />");
            document.write("像素深度：");
            document.write(screen.pixelDepth);
            document.write("<br />");
        </script>
    </body>
</html>
```

运行结果如图 18-7 所示。

图 18-7　检测有关屏幕机的细节效果

18.5　浏览器 Navigator 对象

18.5.1　Navigator 对象属性

Navigator 对象包含的属性描述了正在使用的浏览器。可以使用这些属性进行平台专用的配置。Navigator 对象的实例是唯一的，可以用 Window 对象的 navigator 属性来引用它。下面详细介绍 Navigator 对象的属性，如表 18-4 所示。

表 18-4 **navigator** 对象属性表

属　性	描　述
appCodeName	返回浏览器的代码名
appMinorVersion	返回浏览器的次级版本
appName	返回浏览器的名称
appVersion	返回浏览器的平台和版本信息
browserLanguage	返回当前浏览器的语言
cookieEnabled	返回指明浏览器中是否启用 cookie 的布尔值
cpuClass	返回浏览器系统的 CPU 等级
onLine	返回指明系统是否处于脱机模式的布尔值
platform	返回运行浏览器的操作系统平台
systemLanguage	返回 OS 使用的默认语言
userAgent	返回由客户机发送服务器的 user-agent 头部的值
userLanguage	返回 OS 的自然语言设置

【例 18-7】 Navigator 对象常用属性实例。

```
<html>
    <head>
            <meta charset= " UTF-8">
    </head>
    <body>
            <script type="text/javascript">
                var browser=navigator.appName;
                var b_version=navigator.appVersion;
                var version=parseFloat(b_version);
                document.write("浏览器名称："+ browser);
                document.write("<br>浏览器版本："+ version);
                document.write("<br>浏览器中是否启用 cookie : ") ;
                document.write(navigator.cookieEnabled ) ;
                document.write("<br>运行浏览器的操作系统平台: ");
                document.write(navigator.platform );
                document.write("<br>UserAgent: ");
                document.write(navigator.userAgent );
            </script>
    </body>
</html>
```

运行结果如图 18-8 所示。

图 18-8　Navigator 对象常用属性实例效果

18.5.2　Navigator 对象方法

Navigator 对象的常用方法如表 18-5 所示。

表 18-5　Navigator 对象方法表

方　　法	描　　述
javaEnabled()	可返回一个布尔值，该值指示浏览器是否支持并启用了 Java。如果是，则返回 true，否则返回 false

【例 18-8】　使用 navigator.javaEnabled()实例。

```html
<html>
    <body>
        <script type="text/javascript">
        document.write("查看浏览器是否支持并启用了 Java："+navigator.javaEnabled());
        </script>
    </body>
</html>
```

运行结果如图 18-9 所示。

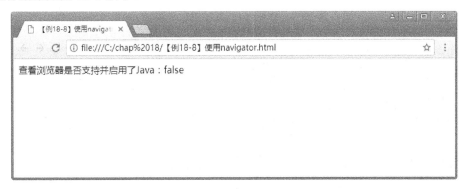

a)

图 18-9　使用 navigator.javaEnabled()实例效果

a) Chrome 浏览器

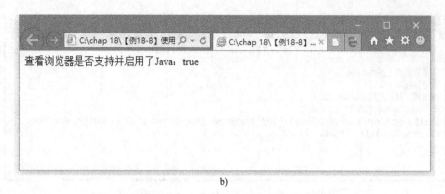

b)

图 18-9   使用 navigator.javaEnabled()实例效果（续）

b) IE 浏览器

📖 Chrome 从版本 45 开始不再支持 NPAPI(java 小应用程序需要用到这个技术); Firefox 从 firefox52 起也不再支持 NNPAPI; IE 支持启用 java。

18.6   文档 Document 对象

18.6.1   Document 对象介绍

Document 对象是 Window 对象的一个对象属性，可通过 window.document 属性对其进行访问。

Document 对象是 HTML 文档的根节点。

Document 对象可以对 HTML 页面中的所有元素进行访问。

18.6.2   Document 对象属性

Document 对象所包含的属性可以获取或设置很多属性值，如表 18-6 所示。这些属性的使用方法如【例 18-9】所示。

表 18-6   Document 对象的主要属性

属　　性	说　　明
document.title	设置文档标题等价于 HTML 的<title>标签
document.bgColor	设置页面背景色
document.linkColor	设置未点击过的链接颜色
document.alinkColor	设置激活链接（焦点在此链接上）的颜色
document.fgColor	设置前景色（文本颜色）
document.vlinkColor	设置已点击过的链接颜色
document.URL	设置 URL 属性，从而在同一窗口中打开另一网页
document.fileCreatedDate	文件建立日期，只读属性
document.fileModifiedDate	文件修改日期，只读属性
document.fileSize	文件大小，只读属性
document.charset	设置字符集，简体中文：gb2312

【例 18-9】 Document 对象属性实例。

```html
<html>
<head>
<meta charset="utf-8">
<title></title>
</head>
<style type="text/css">
input {
    width: 205px;
}
</style>
<body>
    <!--修改文档的标题-->
    <input type="text" name="title_value" placeholder="输入修改后的文档标题">
    <input type="button" value="修改文档的标题"
        onclick="the_title(title_value.value)">
    <br />
    <br />
    <script>
        function the_title(str) {
            document.title = str;
        }
    </script>
    <!--修改文档的背景色-->
    <input type="text" name="bgcolor_value" placeholder="输入修改后的文档背景色">
    <input type="button" value="修改文档的背景色"
        onclick="the_bgcolor(bgcolor_value.value)">
    <br /><br />
    <script>
        function the_bgcolor(str) {
            document.bgColor = str;
        }
    </script>
    <!--修改未点击过的链接颜色-->
    <input type="text" name="a_color_value" placeholder="输入修改后的未点击过的链接颜色">
    <input type="button" value="修改未点击过的链接颜色"
        onclick="a_color(a_color_value.value)">
    <br />
    <script>
        function a_color(str) {
            alert(str);
            document.linkColor = str;
        }
    </script>
    <a href="">链接</a><br />
    <!--修改激活链接的颜色-->
```

```html
<input type="text" name="a_out_color" placeholder="输入修改后的激活链接的颜色">
<input type="button" value="修改激活链接的颜色"
    onclick="a_out_color(a_out_color.value)">
<br />
<br />
<script>
    function a_out_color(str) {
            document.alinkColor = str;
    }
</script>
<!--修改已点击过的链接颜色-->
<input type="text" name="vlink_color_value"
    placeholder="输入修改后的已点击过的链接颜色">
<input type="button" value="修改已点击过的链接颜色"
    onclick="vlink_color(vlink_color_value.value)">
<br />
<br />
<script>
    function vlink_color(str) {
            document.vlinkColor = str;
    }
</script>
<!--设置文本颜色-->
<input type="text" name="fgcolor_value" placeholder="输入修改后的文本颜色">
<input type="button" value="设置文本颜色"
    onclick="the_fgcolor(fgcolor_value.value)">
<br />
<br />
<script>
    function the_fgcolor(str) {
            document.fgColor = str;
    }
</script>
<!--获得文件建立日期-->
<input type="button" value="获得文件建立日期" onclick="get_setdate()">
<br />
<script>
    function get_setdate() {
            document.getElementById("get_set_date").innerHTML = document.fileCreatedDate;
    }
</script>
<p id="get_set_date"></p>
<!--获得文件最后修改日期-->
<input type="button" value="获得文件最后修改日期" onclick="get_update_date()">
<br />
<script>
```

```
            function get_update_date() {
                    document.getElementById("get_update_date").innerHTML = document.fileModifiedDate;
            }
    </script>
    <p id="get_update_date"></p>
    <!--获得文件大小-->
    <input type="button" value="获得文件大小" onclick="get_size()">
    <br>
    <script>
        function get_size() {
                document.getElementById("get_size").innerHTML = document.fileSize;
        }
    </script>
    <p id="get_size"></p>
        <!--获得当前字符集-->
    <input type="button" value="获得当前字符集" onclick="get_charset()">
    <br />
    <script>
        function get_charset() {
                document.getElementById("get_charset").innerHTML = document.charset;
        }
    </script>
    <p id="get_charset"></p>
</body>
</html>
```

该实例运行效果如图 18-10 所示。

图 18-10　Document 对象属性实例

在输入框中输入内容后点击后边的按钮，文档中对应的属性值会变成输入框中输入的值。例如修改文档的标题，在输入框中输入"新的标题"后，点击后边的按钮，那么就会触发绑定在这个按钮上的 the_title()方法，在该方法中将文本框中的内容赋值给 title 属性，文档的标题就变成了"新的标题"。对于左边没有输入框的按钮，当点击按钮时在按钮下方会出现相关的内容。例如点击"获得文件建立日期"的按钮，那么会触发绑定在这个按钮上的 get_setdate()函数，在该函数中利用 fileCreatedDate 属性获得文件的建立日期，然后赋值给 id 为 get_set_date 的段落。

18.6.3　Document 对象集合

Document 对象的常用集合如表 18-7 所示，通过这些集合可以对一些对象和元素进行访问，如【例 18-10】所示。

表 18-7　Document 对象集合

集　　合	描　　述
all	返回对象所包含的元素集合
anchors	获取所有带有 name 和/或 id 属性的 a 对象的集合。此集合中的对象以 HTML 源顺序排列
applets	获取文档中所有 applet 对象的集合
childNodes	获取作为指定对象直接后代的 HTML 元素和 TextNode 对象的集合
forms	获取以源顺序排列的文档中所有 form 对象的集合
frames	获取给定文档定义或与给定窗口关联的文档定义的所有 Window 对象的集合
images	获取以源顺序排列的文档中所有 img 对象的集合
links	获取文档中所有指定了 href 属性的 a 对象和所有 area 对象的集合
scripts	获取文档中所有 script 对象的集合

【例 18-10】　Document 对象集合实例。

```
<html>
<head>
<meta charset="utf-8">
<style type="text/css">
input[type="button"] {
    width: 150px;
}
</style>
</head>
<body>
    <!-- 利用 all 集合实现对文本的修改-->
    <input type="button" value="修改文本内容" onclick="update_content()">
    <br />
    <p id="all_collection">修改之前的内容</p>
    <script type="text/javascript">
        function update_content() {
            document.all.all_collection.innerHTML = "修改后的内容";
```

```
        }
</script>
<!--利用 anchors 获得超链接的数量-->
<a href="" name="href1">链接 1</a>
<br />
<br />
<input type="button" value="显示超链接的数量" onclick="get_number()">
<script type="text/javascript">
    function get_number() {
        document.getElementById("a_number").innerHTML = "锚的数量为"
            + document.anchors.length;
    }
</script>
<p id="a_number"></p>
<!--利用 childNodes 获得 body 的子元素-->
<input type="button" value="显示 body 的子元素" onclick="body_child()">
<br />
<script type="text/javascript">
    function body_child() {
        var txt = "";
        var c = document.body.childNodes;
        //获得所有子节点
        for (i = 0; i < c.length; i++) {
            txt = txt + c[i].nodeName + "<br>";
        }
        var x = document.getElementById("body_child");
        x.innerHTML = txt;
    }
</script>
<p id="body_child"></p>
<!--利用 images 集合获得图片的路径-->
<img id="image1" border="0" src="image1.jpg" width="150" height="113"
    onclick="image_src()">
<br />
<script type="text/javascript">
    function image_src() {
        document.getElementById("image_src").innerHTML = "图片的路径为："
            + document.images[0].src;
    }
</script>
<p id="image_src">点击图片即可获得图片的路径</p>
<!--利用 links 集合获得链接数-->
<link rel="stylesheet" type="text/css" id="style1" href="" />
<input type="button" value="返回链接数" onclick="link_number()">
<br />
<script type="text/javascript">
```

```
            function link_number() {
                document.getElementById("link_number").innerHTML = document.links.length;
            }
        </script>
        <p id="link_number"></p>


    </body>
    </html>
    </html>
```

该实例运行效果如图 18-11 所示。

图 18-11　Document 对象集合实例

通过点击按钮或者图片可以获得相关的内容，例如点击"显示超链接的数量"按钮，那么会触发绑定在这个按钮上的 get_number()函数，该函数利用 achors 集合的 length 属性获得超链接的数量，然后在 id 为 a_number 的段落中显示超链接的数量。

18.6.4　Document 对象方法

Document 对象的常用方法如表 18-8 所示。

表 18-8　Document 对象方法

方　　法	说　　明
document.createElement(Tag)	创建一个 HTML 标签对象
document.getElementById(ID)	获得指定 ID 值的对象，详情见 20.4.1 节
document.getElementsByTagName(tagname)	获得指定标签名的对象，详情见 20.4.1 节
document.getElementsByName(Name)	获得指定 Name 值的对象，详情见 20.4.1 节
document.getElementsByClassName(classname)	获得指定类名的对象，详情见 20.4.1 节

例如 createElement()方法可创建元素节点。要与 appendChild()或 insertBefore()方法联合使用。其中，appendChild()方法在节点的子节点列表末添加新的子节点。insertBefore()方法在节点的子节点列表任意位置插入新的节点。如【例 18-11】所示。

【例 18-11】 Document 对象方法实例。

```html
<html>
<head>
<meta charset="utf-8">
</head>
<style type="text/css">
input[type="button"] {
    width: 300px;
}
</style>
<body>
    <!--利用 getElementsByTagName 改变文本内容-->
    <p>利用 getElementsByTagName 改变这一段中的文本。</p>
    <input type="button" value="利用 getElementsByTagName 改变文本内容"
        onclick="ByTagName()">
    <br>
    <script>
        function ByTagName() {
            document.getElementsByTagName("P")[0].innerHTML = "getElementsByTagName";
        };
    </script>
    <!--利用 getElementsByName 改变文本内容-->
    <p name="text1">利用 getElementsByName 方法来改变这一段中的文本。</p>
    <input type="button" value="利用 getElementsByName 改变文本内容"
        onclick="ByName()">
    <br>
    <script>
        function ByName() {
            document.getElementsByName("text1")[0].innerHTML = "getElementsByName";
        };
    </script>
    <!--利用 getElementsByClassName 改变文本内容-->
    <p class="text2">利用 getElementsByClassName 改变这一段中的文本。</p>
    <input type="button" value="利用 getElementsByClassName 改变文本内容"
        onclick="ByClassName()">
    <br>
    <script>
        function ByClassName() {
            document.getElementsByClassName("text2")[0].innerHTML= "getElementsByClassName";
        };
```

```
        </script>
        <!--利用 getElementById 改变文本内容-->
        <p id="demo1">利用 getElementById 改变这一段中的文本。</p>
        <input type="button" value="利用 getElementById 改变文本内容"
            onclick="update_element()">
        <script>
            function update_element() {
                    document.getElementById("demo1").innerHTML = "Hello World";
            };
        </script>
        <!--利用 createElement 方法创建 button 元素-->
        <p id="demo2">单击按钮创建 button 元素</p>
        <input type="button" value="创建 button 元素" onclick="create_element()">
        <script>
            function create_element() {
                    var btn = document.createElement("BUTTON");
                    document.body.appendChild(btn);
            };
        </script>
    </body>
</html>
```

该实例运行效果如图 18-12 所示。

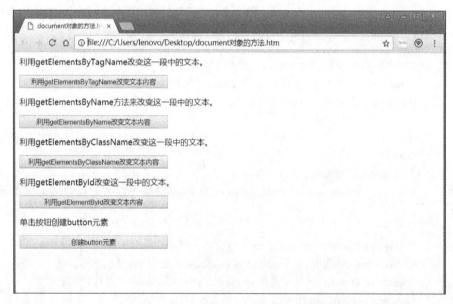

图 18-12   Document 对象方法实例

通过点击按钮来改变按钮上方的文本内容。例如点击"利用 getElementsByClassName 改变文本内容"按钮，那么就会触发绑定在这个按钮上的 ByClassName()函数，在该函数中利用 getElementsByClassName 方法找到类名为 text2 的段落，然后将新的文本赋值给它，从而实现文本内容的修改。

216

18.7 Cookie 对象

18.7.1 Cookie 对象介绍

在因特网中，Cookie 是由服务器保存在客户端上的小文本文件，它可以包含有关用户的信息。

目前有些 Cookie 是临时的，有些则是持续的。临时的 Cookie 只在浏览器上保存一段规定的时间，当浏览器关闭时，该 Cookie 就会被系统清除。持续的 Cookie 则保存在客户端的 Cookie 文件中，下一次客户端登录时，仍然可以对它进行调用。

18.7.2 Cookie 对象的创建和存储

1．使用 JavaScript 创建 Cookie

在 JavaScript 中可以通过 document.cookie 属性来创建、读取及删除 Cookie。

创建 Cookie 的语法如下。

```
document.cookie="cookiename=cookievalue";
```

可以为 Cookie 添加一个过期时间。默认情况下，Cookie 在浏览器关闭时删除，但是如果设置过期时间，那么只会在过期后删除。

```
document.cookie=" cookiename=cookievalue; expires=Thu, 5 Dec 2017 12:00:00 GMT";
```

可以使用 path 参数告诉浏览器 Cookie 的路径。默认情况下，Cookie 属于当前页面。

```
document.cookie="cookiename=cookievalue; expires= Thu,5 Dec 2017 12:00:00 GMT; path=/";
```

2．Cookie 的存储

Cookie 可存储数据，当用户访问了某个网站（网页）时，可以通过 Cookie 向客户端中存储数据。

1）不同的浏览器存放的 Cookie 位置不一样，也是不能通用的。例如，Google 浏览器的 Cookie 存放在%LOCALAPPDATA%\Google\Chrome\User Data\Default\目录中，是一个名为 Cookies 的文件；IE 浏览器的 Cookie 数据可以通过浏览器导出，得到一个.txt 格式的文件。

2）Cookie 的存储是以域名形式进行区分的。

3）一个域名下存放的 Cookie 的个数是有限制的，不同的浏览器存放的个数不一样。例如，IE 浏览器可以存储的数量为每个域名 50 个，Firefox 浏览器可以存储的数量为每个域名 150 个。当超过限制数量时，会自动剔除最旧的 Cookie。

4）每个 Cookie 存放的内容大小也是有限制的，不同的浏览器存放大小不一样。例如，IE 浏览器存放的 Cookie 最长为 4095 个字符，Firefox 浏览器存放的 Cookie 最长为 4097 个字符，Chrome 浏览器存放的 Cookie 最长为 4097 个字符。

通过 document.cookie 来获取当前网站下的 Cookie 时，得到的字符串形式的值包含了当前网站下所有的 Cookie。它会把所有的 Cookie 通过一个分号加空格的形式串联起来。

18.7.3　Cookie 的获取与应用

1．使用 JavaScript 读取 Cookie
在 JavaScript 中，可以使用以下代码来读取 Cookie。

```
var x = document.cookie;
```

注意：document.cookie 将以字符串的方式返回所有的 Cookie，类型格式为：cookie1= value; cookie2=value; cookie3=value;

2．使用 JavaScript 修改 Cookie
在 JavaScript 中，修改 Cookie 类似于创建 Cookie，语法格式如下。

```
document.cookie="cookiename=cookievalue; expires=Thu, 18 Dec 2017 12:00:00 GMT; path=/";
```

旧的 Cookie 将被覆盖。

3．使用 JavaScript 删除 Cookie
删除 Cookie 非常简单，只需要设置 expires 参数为以前的时间即可，如下面的代码所示，设置为 Thu, 05Jan 2017 00:00:00 GMT。

```
document.cookie = "username=; expires=Thu, 05 Jan 2017 00:00:00 GMT";
```

注意，删除时不必指定 Cookie 的值。

4．Cookie 的应用
【例 18-12】　利用 Cookie 实现登录。
其中第一个页面用于实现登录页面及存储 Cookie，代码如下。

```
<!DOCTYPE html>
<!DOCTYPE html>
<html lang="en">
<head>
    <meta charset="UTF-8">
    <title>Title</title>
</head>
<body onload="">
<form action="">
    用户名：<input type="text" id="username"
  onblur="checkCookie(username.value)"><br>
    密   码：<input type="password" id="password"><br>
    <input type="submit" value="登录"
  onclick="setCookie(username.value,password.value,30)">
</form>
</body>
<script>
    function setCookie(username,password,exdays){
```

```
            var d = new Date();
            d.setTime(d.getTime()+(exdays*24*60*60*1000));
            var expires = "expires="+d.toGMTString();
            document.cookie = username+"="+password+";"+expires;
            }
            function getCookie(cname)
        {
        var name = cname + "=";
        var ca = document.cookie.split(';');
        for(var i=0; i<ca.length; i++)
        {
            var c = ca[i].trim();
            if (c.indexOf(name) ==0)
            {
            return c.substring(name.length,c.length);
            }
        }
        return "";
        }
        function checkCookie(username)
        {
        var pass=getCookie(username);
        if (pass!="")
        {
        document.getElementById("password").value = pass;
        }
        }
        </script>
        </html>
```

该实例运行效果如图 18-13 所示。

图 18-13　利用 Cookie 实现登录

当输入完用户名之后点击"密码"文本框，此时会触发绑定在用户名输入框上的 onblur
事件，然后触发 checkCookie 函数，判断该用户是否已经保存密码。如果已经保存，那么会
自动填写密码；如果没有保存，则需要填写密码。

18.8 历史 History 对象

18.8.1 History 对象介绍

在 History 中记录了用户在浏览器窗口中访问过的 URL。当窗口被打开时，出于对安全的考虑，开发人员无法得到用户访问的 URL 历史记录，但可以借助 History 实现前进和后退的功能。

18.8.2 History 对象属性

1. length 属性

（1）功能介绍

length 属性可以获得浏览器列表中的元素数量，如【例 18-13】所示。

（2）语法说明

其语法格式如下。

```
history.length
```

18.8.3 History 对象方法

1. back()方法

（1）功能介绍

back()方法可以从用户的历史列表中加载出上一个页面的 URL，前提是存在上一个页面。

调用这个方法时，相当于点击后退按钮或调用 history.go(-1)，如【例 18-13】所示。

（2）语法说明

其语法格式如下。

```
history.back()
```

2. forword()方法

（1）功能介绍

forword()方法可以从用户的历史列表中加载出下一个页面的 URL，前提是存在上一个页面。

调用这个方法时，相当于点击前进按钮或调用 history.go(1)，如【例 18-13】所示。

（2）语法说明

其语法格式如下。

```
history.forward()
```

3. go()方法

（1）功能介绍

go()方法可以从用户的历史列表中加载出某一个页面，由方法内的参数决定，可以是正数或负数。如果是正数，就前进；如果是负数，则后退。当然也可以是一个字符串，但字符串必须是局部或完整的 URL，该函数会去匹配字符串的第一个 URL，如【例 18-13】所示。

（2）语法说明

其语法格式如下。

```
history.go(number|URL)
```

使用上述形式来设置想要加载的页面，当方法内的参数为数字时，表示在用户历史列表中前进或者后退的 URL 个数；当方法内的参数为 URL 时，表示想要加载的页面为 URL 所指定的页面。

【例 18-13】 History 对象实例。

```html
<html>
<head>
<meta charset="utf-8">
</head>
<style type="text/css">
input[type="button"] {
    width: 220px;
}
</style>
</head>
<body>
    <!-- 利用 history 的 length 属性获得页面数量-->
    <p id="demo"></p>
    <input type="button" value="显示页面数量" onclick="url_number()">
    <br /></br/>
    <script>
        function url_number() {
            document.getElementById("demo").innerHTML = history.length;
        }
    </script>
    <!--利用 goback 方法返回上一个页面-->
    <input type="button" value="返回上一个页面（使用 goback 方法）"
  onclick="goBack()">
    <br />
    <br />
    <script>
        function goBack() {
            window.history.back()
        }
    </script>
    <!-- 利用 go 方法返回上一个页面-->
    <input type="button" value="返回到上一个页面（使用 go 方法）" onclick="go()">
    <br />
    <br />
    <script>
```

```
        function go() {
            window.history.go(-1);
        }
    </script>
    <!--利用 goForward 方法前进一页-->
    <input type="button" value="前进" onclick="goForward()">
    <br />
    <br />
    <script>
        function goForward() {
            window.history.forward()
        }
    </script>
    </body>
</html>
```

该实例运行效果如图 18-14 所示。

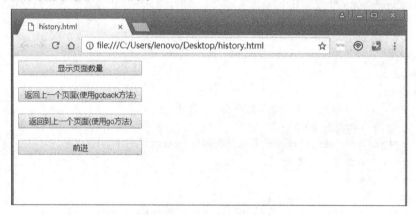

图 18-14　History 对象实例

通过点击页面上的按钮可以实现相应的功能，例如，点击"显示页面数量"按钮，那么会触发绑定在这个按钮上的 url_number()函数，该函数利用 length 属性获得页面的数量，然后赋值给 id 为 text 的段落，从而实现了显示页面数量的功能。

18.9　地址 Location 对象

18.9.1　Location 对象介绍

Location 地址对象表示某一窗口所打开的地址，使用它可以表示当前窗口的地址。

📖　没有应用于 Location 对象的公开标准，不过所有浏览器都支持该对象。

18.9.2　Location 对象属性

Location 对象的常用属性如表 18-9 所示。

表 18-9　Location 对象属性

属　　性	描　　述
hash	返回一个 URL 的锚部分，即 "#" 后的部分
host	返回一个 URL 的主机名和端口
hostname	返回 URL 的主机名
href	返回完整的 URL
pathname	返回 URL 的路径名
port	返回一个 URL 服务器使用的端口号
protocol	返回一个 URL 协议

18.9.3　Location 对象方法

1．assign()方法

（1）功能介绍

assign()方法可以使窗口载入并显示所指定的 URL 中的文档，如【例 18-14】所示。

（2）语法说明

其语法格式如下。

```
location.assign(URL)
```

2．reload()方法

（1）功能介绍

reload()方法用于刷新当前文档，类似于浏览器上的刷新页面按钮。

如果把该方法的参数设置为 true，那么不管有没有缓存，都会从服务器上重新下载该文档。这与用户在单击浏览器的刷新按钮时按住〈Shift〉健的效果是完全一样，如【例 18-14】所示。

（2）语法说明

其语法格式如下。

```
location.reload(true|false)
```

3．replace()方法

（1）功能介绍

replace()方法具有与 location.href 相同的功能，但不同的是，replace 方法会将新页面的地址在 History 的地址列表中删除，因此无法使用 back 或 go 函数，如【例 18-14】所示。

（2）语法说明

其语法格式如下。

```
location.replace(newURL)
```

【例 18-14】　Location 对象实例。

```
<html>
```

```
<head>
<meta charget="ISO-8859-1">
<title></title>
</head>
<style type="text/css">
input {
      width: 230px;
}
</style>
<body>
    <!--获得 hash 属性值-->
    <input type="button" onclick="gethash()" value="获得 hash 属性">
    <br>
    <p id="hash_value"></p>
    <script type="text/javascript">
        function gethash() {
            document.getElementById("hash_value").innerHTML = location.hash;
        }
    </script>
    <!-- 获得 host 属性值-->
    <input type="button" onclick="gethost()" value="获得 host 属性">
    <br>
    <p id="host_value"></p>
    <script type="text/javascript">
        function gethost() {
            document.getElementById("host_value").innerHTML = location.host;
        }
    </script>
    <!--获得 hostname 属性值 -->
    <input type="button" onclick="gethostname()" value="获得 hostname 属性">
    <br>
    <p id="hostname_value"></p>
    <script type="text/javascript">
        function gethostname() {
            document.getElementById("hostname_value").innerHTML = location.hostname;
        }
    </script>
    <!--获得 href 属性值 -->
    <input type="button" onclick="gethref()" value="获得 href 属性">
    <br>
    <p id="href_value"></p>
    <script type="text/javascript">
        function gethref() {
            document.getElementById("href_value").innerHTML = location.href;
        }
    </script>
```

```html
<!--获得 pathname 属性值 -->
<input type="button" onclick="getpathname()" value="获得 pathname 属性">
<br>
<script type="text/javascript">
    function getpathname() {
        document.getElementById("pathname_value").innerHTML = location.pathname;
    }
</script>
<!--获得 port 属性值 -->
<p id="pathname_value"></p>
<input type="button" onclick="getport()" value="获得 port 属性">
<br>
<script type="text/javascript">
    function getport() {
        document.getElementById("port_value").innerHTML = location.port;
    }
</script>
<!--获得 porotocol 属性值 -->
<p id="port_value"></p>
<input type="button" onclick="getporotocol()" value="获得 porotocol 属性">
<br>
<script type="text/javascript">
    function getporotocol() {
        document.getElementById("porotocol_value").innerHTML = location.porotocol;
    }
</script>
<!-- 获得 search 属性值-->
<p id="porotocol_value"></p>
<input type="button" onclick="getsearch()" value="获得 search 属性">
<br>
<p id="search_value"></p>
<script type="text/javascript">
    function getsearch() {
        document.getElementById("search_value").innerHTML = location.search;
    }
</script>
<!--利用 reload 方法刷新当前文档-->
<input type="button" onclick="reload()" value="刷新当前文档">
<br>
<br>
<script type="text/javascript">
    function reload() {
        location.reload(true);
    }
</script>
<!--利用 assign 方法载入输入框中的文档-->
```

```
        <input type="text" id="url" placeholder="输入要载入的文档">
        <input type="button" onclick="assign()" value="使用 assign 方法载入输入框中的文档">
        <br>
        <br>
        <script type="text/javascript">
            function assign() {
                location.assign(url.value);
            }
        </script>
        <!--利用 replace 方法载入输入框中的文档-->
        <input type="text" id="new_url" placeholder="输入要载入的文档">
        <input type="button" onclick="replace()" value="使用 replace 方法载入输入框中的文档">
        <br>
        <br>
        <script type="text/javascript">
            function replace() {
                location.replace(new_url.value);
            }
        </script>
    </body>
</html>
```

该实例运行效果如图 18-15 所示。

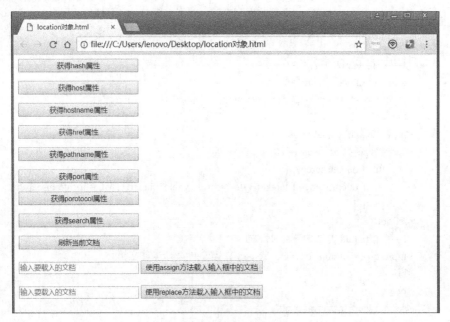

图 18-15　Location 对象实例

通过点击页面上的按钮可以实现相应的功能，例如，点击"获得 hash 属性"按钮，那么会触发绑定在这个按钮上的 gethash()函数，该函数利用 hash 属性获得 URL 锚部分的内容，然后赋值给 id 为 hash_value 的段落，从而实现了获得 hash 属性的功能。

18.10　实验与练习

编写三个页面，包含以下几个功能。

1）实现三个页面的前进和后退功能。

2）其中一个页面让一张图片从指定的位置自左向右缓慢运动，当运动到指定地点后，图片又反向运动，并且在运动中交替显示图片。

3）其中一个页面实现打字机式字符输出效果。

4）其中一个页面设置文本颜色、背景色，以及链接在不同状态时的颜色。

第 19 章 HTML DOM 基础

HTML DOM 使网页中的每个元素都可以像对象一样被获取和编辑。例如，JavaScript 可以利用 HTML DOM 动态地修改网页。本章主要学习 DOM 节点的操作，通过对节点进行增、删、查、改，以及设置节点的属性，动态修改页面的样式并添加动态效果，丰富页面内容，增强用户体验效果。

19.1 HTML DOM 简介

DOM 是 Document Object Model 文档对象模型的缩写，它定义了如何访问 HTML 和 XML 文档。

HTML DOM 是 HTML 的对象模型和编程接口，它定义了所有 HTML 元素的对象、属性和访问它们的方法。

19.2 HTML DOM 节点

19.2.1 DOM 节点的定义

HTML 文档中的所有内容都是节点，举例说明如下。
- 整个文档是一个文档节点。
- 每个 HTML 标签是一个元素节点。
- 标签中的文字是文本节点。
- 标签的属性是属性节点。
- 注释是注释节点。

19.2.2 DOM 树节点层次

HTML 加载到内存中会形成一棵 DOM 树，DOM 树中的一切皆为节点。节点彼此拥有层级关系，父（parent）、子（child）和兄弟（sibling）等用于描述这些关系。
- 最顶端的节点是根，它没有父节点。
- 除了根，每个节点都有父节点。
- 一个节点可以拥有任意数量的子节点。
- 属性节点是元素节点的附属，而不是它的子节点。

【例 19-1】 HTML DOM 结构。

```
<html>
  <head>
    <title>HTML DOM</title>
  </head>
  <body>
      <p>DOM 的结构</p>
      <ul type="square">
              <li>节点 1</li>
      </ul>
  </body>
</html>
```

HTML DOM 结构如图 19-1 所示。

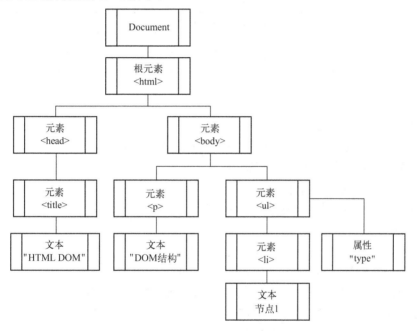

图 19-1   HTML DOM 结构

由图 19-1 可以看出，直接连线的是父子关系，例如，元素<head>和元素<title>是父子关系；拥有相同父亲的是兄弟关系，例如，元素<p>和元素<ul>是兄弟关系；属性 type 是元素<ul>的附属，而不是它的子节点。

19.3   HTML DOM 编程接口

19.3.1   DOM 方法

创建、获取、替换及删除节点，这些都是常用的 DOM 方法，通过这些方法可以操作节点，使页面拥有更好的效果。下面介绍一些常用的 DOM 方法，如表 19-1 所示。

表 19-1　常用 HTML DOM 方法

方　　法	描　　述
getElementById()	获取带有指定 id 的节点
appendChild()	追加新的子节点
removeChild()	删除子节点
getElementsByName()	获取带有指定 name 的节点
getElementsByTagName()	返回包含带有指定标签名称的所有元素的节点列表
getElementsByClassName()	返回包含带有指定类名的所有元素的节点列表
replaceChild()	替换子节点
insertBefore()	在指定的子节点前面插入新的子节点
createAttribute()	创建属性节点
createElement()	创建元素节点
createTextNode()	创建文本节点
setAttribute()	把指定属性设置或修改为指定值
getAttribute()	返回指定的属性值
setAttributeNode()	给指定节点设置属性节点

19.3.2　DOM 属性

1．每个节点都会有的属性

1）nodeName：其内容是该节点的名称，返回值是字符串。

● 元素节点，返回值是元素的名称。

● 属性节点，返回值是属性的名称。

● 文本节点，返回值是一个内容为#text 的字符串。

nodeName 是一个只读属性。

2）nodeType：其内容是该节点的类型，返回值是整数。

返回值是一个整数，整数值对应 12 种节点类型，常用的有以下 3 种。

● Node.ELEMENT_NODE。元素节点的 nodeType 属性，值为 1。

● Node.ATTRIBUTE_NODE。属性节点的 nodeType 属性，值为 2。

● Node.TEXT_NODE。文本节点的 nodeType 属性，值为 3。

nodeType 是一个只读属性。

3）nodeValue：其内容是指定节点的当前值，返回值是字符串。

● 元素节点，返回值是 null。

● 属性节点，返回值是这个属性的值。

● 文本节点，返回值是这个文本节点的内容。

nodeValue 是一个读/写属性，不能对元素节点的 nodeValue 属性设置值，但可以给文本节点的 nodeValue 属性和属性节点的 nodeValue 属性设置值。

2．常用的节点属性

除了上面介绍的每个节点都会有的属性外，还有一些其他常用的节点属性，如表 19-2 所示。

表 19-2　常用节点属性表

属性值	说明
innerHTML	获取元素内容或向元素中插入内容
parentNode	返回节点（元素）的父节点
childNodes	返回节点（元素）的子节点
attributes	返回节点（元素）的属性节点
firstChild	获取 childNodes 列表中的第一个节点
lastChild	获取 childNodes 列表中的最后一个节点
previousSibling	指向前一个兄弟节点；如果这个节点就是第一个兄弟节点，那么该值为 null
nextSibling	指向后一个兄弟节点；如果这个节点就是最后一个兄弟节点，那么该值为 null
HTML 元素的属性名称	获取该 HTML 元素的指定属性的值

📖　编程接口：可以通过 JavaScript（以及其他编程语言）对 HTML DOM 进行访问。所有的 HTML 元素都被定义为对象，而编程接口则是对象的方法和属性。方法是执行的动作（如添加或修改元素）。属性是获取或设置的值（如节点的名称或内容）。

19.4　HTML DOM 节点管理

19.4.1　查找与访问 DOM 节点

1. getElementById("nodeIdName")通过 id 查找元素节点

nodeIdName 是一个字符串类型的参数，它指定的是节点的 id 属性的值。该方法会查找 id 属性值与该值匹配的节点，返回值是一个节点。如果不存在这样的节点，则返回 null。该方法只能用于 Document 对象。

【例 19-2】　getElementById()的使用。

```
<input type="text" value="通过 id 查找元素节点" id="nodeId">
<input type="button" value="点击" onclick="getNodeById();">
<div id="div1"><h3>我是 div1</h3></div>
<script type="text/javascript">
        //通过 id 获取节点，获取节点的内容并操作节点
        function getNodeById(){
                //获取元素节点
                var element=document.getElementById("nodeId");
                //获取元素 value 的值
                var elementValue = element.value;
                //获取元素 type 的值
                var elementType = element.type;
                //弹出内容
                alert(
                        "元素节点 : "+element+"\n"+
                        "节点的 value 值 : "+elementValue+"\n"+
```

```
                    "节点的 type 值 : "+elementType+"\n"+
                    "使用 innerHTML 获取元素的内容："+div1.innerHTML
               );
               //设置元素的内容，注意：双引号里面用单引号
               div1.innerHTML="<a href='#'><h3>插入的链接</h3></a>";
          };
     </script>
```

图 19-2 所示为上述代码的运行结果。

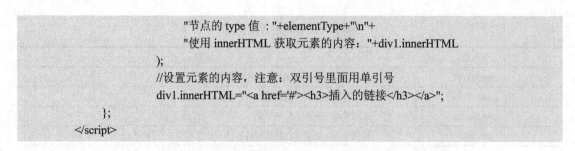

a)

b)

图 19-2　getElementById()方法的使用

a) 首先打开的窗口　b) 点击"确定"按钮后的页面

点击按钮，会打开如图 19-2a 所示的窗体，第一行的内容是元素节点，说明元素节点是一个 object 类型、<input>节点，第二行是<input>节点的 value 值，第三行是节点的 type 值，第四行是通过属性 innerHTML 获取<div>节点的内容，<div>节点的内容为：<h3>我是 div1</h3>。

点击"确定"按钮后，页面上的"我是 div1"的内容会变成一个链接，如图 19-2b 所示。这是获取<div>节点后，通过 innerHTML 属性设置节点内容的效果。

2．getElementsByName("nodeName")通过 name 查找元素节点

nodeName 是一个字符串类型的参数，它指定的是节点的 name 属性的值。该方法会查找 name 属性与该值匹配的所有节点，返回值是一个节点集合，集合可以当作一个数组来处理，数组的下标从 0 开始。集合的 length 属性是查找的节点的总个数。该方法只能用于 Document 对象。

【例 19-3】 getElementsByName()的使用。

```
<form name="form1">
    <input type="text" name="iName" value="元素节点 1" /><br>
    <input type="text" name="iName" value="元素节点 2" /><br>
    <input type="text" name="iName" value="元素节点 3" /><br>
    <input type="button" value="点击" onclick="getTnameArray();">
</form>
<script type="text/javascript">
        function getTnameArray(){
            var iNameArray=document.getElementsByName("iName");
            alert("iNameArray 的长度：" +iNameArray.length);
            for(var i=0;i<iNameArray.length;i++){
                //获取元素节点的 value 值
                var value = iNameArray[i].value;
                //元素节点，nodeName 的值为元素的名称
                var nodeName = iNameArray[i].nodeName;
                //元素节点，nodeType 的值为 1
                var nodeType = iNameArray[i].nodeType;
                //元素节点，nodeValue 的值为 null
                var nodeValue = iNameArray[i].nodeValue;
                //弹出内容
                alert(
                    "元素"+i+"的 value 值：" +value+"\n"+
                    "元素"+i+"的 nodeName：" +nodeName+"\n"+
                    "元素"+i+"的 nodeType：" +nodeType+"\n"+
                    "元素"+i+"的 nodeValue：" +nodeValue
                );
            }
            //获取父节点
            var parentNode=iNameArray[0].parentNode;
            //获取父节点的属性
            var attributes=parentNode.attributes;
            var msg="";
            for(var i=0;i<attributes.length;i++){
                msg=msg+"父节点的方法：" +attributes[i].nodeName+"\n";
            }
            alert(msg);
        }
</script>
```

如图 19-3 所示为上述代码的运行效果。

点击按钮，会先弹出节点数组的长度，然后依次弹出每个节点信息，图 19-3a 显示的是第一个节点的 value 值、nodeName 值、nodeType 值和 nodeValue 值。

每个节点的信息显示完毕后，会显示它们的父节点的属性信息，父节点是通过子节点的 parentNode 属性获取的，通过父节点的 attributes 属性获取它的所有属性节点。图 19-3b 显示的是父节点的属性名称。

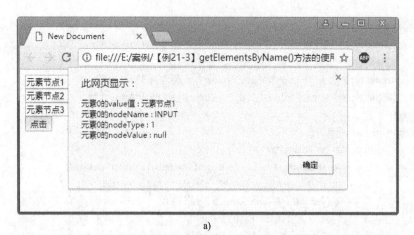

图 19-3 getElementsByName() 的使用

a) 第一个节点的相应值　b) 父节点的属性名称

3．getElementsByTagName("labelName") 根据指定标签名获取元素节点

labelName 是一个字符串类型的参数，它指定的是标签的名称。该方法用于查找标签名与指定值相匹配的节点，返回值为一个节点集合，集合可以当作一个数组来处理。集合的 length 属性是查找到的节点的个数。

该方法不必非得用在整个文档上，它也可以用于查找某个特定的子节点。

【例 19-4】 getElementsByTagName() 的使用。

```
<form name="form2">
        <input type="text" name="tname" value="元素节点 1"/><br>
        <input type="text" name="tname" value="元素节点 2"/><br>
</form>
<form name="form2">
        <!--注意：此处<br>前后没有回车-->
        <input type="text" name="tname" value="元素节点 1"/><br><input type="text"
name="tname" value="元素节点 2"/><br>
</form>
<select>
        <option>选择 1</option>
```

```
                <option>选择 2</option>
        </select><br>
        <input type="button" value="点击" onclick="getNodeByTagName();">
        <script type="text/javascript">
                function getNodeByTagName(){
                        var inputElements=document.getElementsByTagName("input");
                        //输出 input 标签的长度
                        alert("input 标签的个数 : "+inputElements.length);
                        //弹出除按钮之外的其他 input 标签
                        for(var i=0;i<inputElements.length;i++){
                                alert("input 标签"+i+"的 value 值 : "+inputElements[i].value);
                        }
                        //获取元素节点 2
                        var inputElement2=inputElements[1];
                        //获取元素节点 2 的上一个标签
                        var previousInputElement=inputElement2.previousSibling;
                        //获取元素节点 2 的下一个标签
                        var nextInputElement=inputElement2.nextSibling;
                        alert(
                                "元素节点 2 的上一个标签: "+previousInputElement.nodeName+"\n"+
                                "元素节点 2 的下一个标签: "+nextInputElement.nodeName
                        );
                        //获取 select 标签
                        var selectElements=document.getElementsByTagName("select");
                        //获取 select 下的子标签
                        for(var j=0;j<selectElements.length;j++){
                                var optionElements=selectElements[j].getElementsByTagName("option");
                                for(var i=0;i<optionElements.length;i++){
                                        alert("select 子标签"+i+"的 value 值 : "+optionElements[i].value);
                                }
                        }
                }
        </script>
```

如图 19-4 所示为上述代码的运行效果。

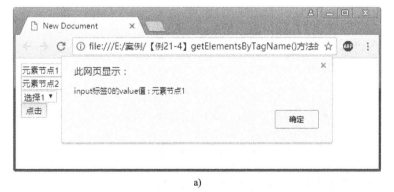

a)

图 19-4　getElementsByTagName()的使用

a) 第一个<imput>节点的 Value 值

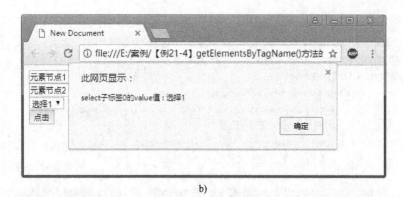

b)

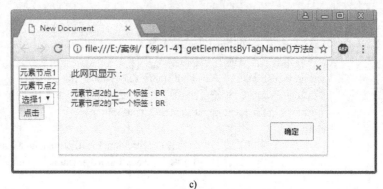

c)

图 19-4　getElementsByTagName() 的使用（续）

b) 第一个 \<option\> 节点的 Value 值　c) 元素节点 2 的前后节点

点击按钮会先弹出 \<input\> 节点的个数，图 19-4a 显示的是第一个 \<input\> 节点的 value 值，图 19-4b 显示的是第一个 \<option\> 节点的 value 值，案例展示了 getElementsByTagName() 应用的两种情况。图 19-4c 显示的是通过元素节点 2 的 previousSibling 属性和 nextSibling 属性，分别获取了它前面和后面的节点，前后的节点都是 \<br\>。

4．hasChildNodes() 查看是否存在子节点

该方法用来检查一个节点是否有子节点，返回值是 true 或 false。

文本节点和属性节点不可能再包含任何子节点，所以对这两类节点使用 hasChildNodes () 的返回值永远是 false。

如果 hasChildNodes() 的返回值是 false，则 childNodes 值、firstChild 值及 lastChild 值将是空数组和空字符串。

【例 19-5】　hasChildNodes() 的使用。

```
<select>
        <option id="node1" value="option1">选择 1</option>
        <option value="option2">选择 2</option>
        <option value="option3">选择 3</option>
</select>
<input type="button" value="点击" onclick="getNods();">
    <script type="text/javascript">
        //获取子节点
```

```
function getNods(){
    //获取 select 标签
    var selectElement=document.getElementsByTagName("select");
    var parentNode = selectElement[0];
    //是否含有子节点
    alert("是否含有子节点："+parentNode.hasChildNodes());
    if(parentNode.hasChildNodes()){
        //获取父节点下的所有子节点
        var nodes = parentNode.childNodes;
        alert(
            "父节点："+parentNode+"\n"+
            "获取所有子节点后，含有空白字符的长度："+nodes.length
        );
        //遍历
        for(var i=0; i<nodes.length; i++){
            var node = nodes[i];
            //元素中的空格被视为文本，而文本被视为节点，去掉空字符串节点
            if(node.nodeType == 3 && !/\S/.test(node.nodeValue)){
                node.parentNode.removeChild(node);
            }
        }
        //获取第一个子节点
        var firstChild=parentNode.firstChild;
        //获取最后一个子节点
        var lastChild=parentNode.lastChild;
        alert(
            "去掉空白字符的长度："+nodes.length+"\n"+
            "第一个节点的 value 值："+firstChild.value+"\n"+
            "最后一个节点的 value 值："+lastChild.value
        );
    }else{
        alert("不含子节点");
    }
}
</script>
```

如图 19-5 所示为上述代码的运行效果。

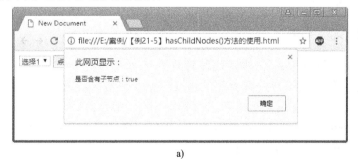

a)

图 19-5　hasChildNodes()的使用

a) \<select\>有子节点

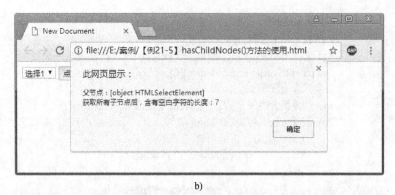

b)

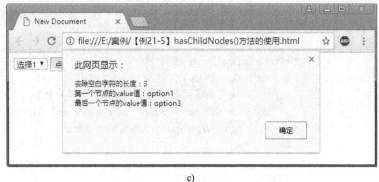

c)

图 19-5　hasChildNodes()的使用（续）

b) 字符长度　c) 显示结果

该案例显示的是<select>节点是否有子节点，<select>下有两个<option>节点，所以点击按钮会弹出 true，说明<select>有子节点，如图 19-5a 所示。

通过 id 获取节点 1，通过节点 1 获取它的父节点<select>，因为元素中的空格被视为文本，而文本被视为节点，所以 childNodes 属性获取的节点中包含 4 个文本节点和 3 个<option>节点，故长度为 7，如图 19-5b 所示。

!/\S/是一个正则表达式，代表匹配一个空白字符，test()用于检测一个字符串是否匹配某个模式。!/\S/.test(node.nodeValue)用于检测节点的 nodeValue 是否是空字符串，然后去除空字符串节点，长度变为 3。<select>节点的 firstChild 属性返回的是第一个子节点，option1 是该子节点的 value 值；lastChild 属性返回的是最后一个子节点，option3 是该子节点的 value 值，如图 19-5c 所示。

19.4.2　添加 DOM 节点

1．appendChild(newNode)为指定的元素增加一个子节点

newNode 指定的是新节点，该方法的返回值是一个指向新增子节点的引用指针，新节点可以被追加给文档中的任何一个元素，由需要追加子节点的父节点调用。appendChild()通常配合 createElement()创建元素节点、createTextNode()创建文本节点使用。

【例 19-6】　appendChild()的使用。

```
<p>元素节点 1</p>
```

```
<script type="text/javascript">
        //创建元素节点 p
        var newElement=document.createElement("p");
        //创建属性节点
        var attribute=document.createAttribute("style");
        //设置属性节点的值
        attribute.value="font-size:2em";
        //创建文本节点
        var textNode=document.createTextNode("元素节点 2");
        //将文本节点追加到元素节点 p 上
        newElement.appendChild(textNode);
        newElement.setAttributeNode(attribute);
        //将元素节点追加到文档中
        document.body.appendChild(newElement);
</script>
```

图 19-6 所示为上述代码的运行效果。

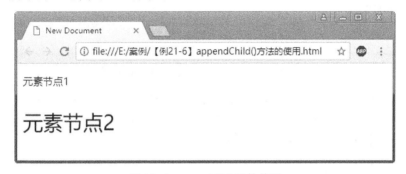

图 19-6　appendChild()的使用

　　该案例是通过 createElement()创建一个元素节点<p>、createAttribute()创建一个属性节点 "style"、createTextNode()创建一个文本节点 "元素节点 2" 后，在页面中添加<p>节点，通过 appendChild()在<p>节点上追加文本节点 "元素节点 2"，然后通过 setAttributeNode()设置属性节点 "style"，使字体变大，从图 19-6 中可以看出，"元素节点 1" 和 "元素节点 2" 的字体大小不同。

　　2．insertBefore (newNode,targetNode)在指定的子节点前面插入新的子节点

　　该方法有两个参数，newNode 指的是新的子节点，targetNode 指的是目标节点。注意：该方法操作的是两个子节点。方法由需要插入子节点的父节点调用。

　　【例 19-7】 insertBefore (newNode,targetNode)的使用。

```
<ul id="parentNode">
        <li value="node" id="node">元素节点 1</li>
</ul>
<script type="text/javascript">
        //获取父节点
        var parentNode=document.getElementById("parentNode");
        //获取子节点
```

```
                var targetNode=document.getElementById("node");
                //创建节点 newShanghaiNode
                var newNode=document.createElement("li");
                //创建 newShanghaiNode 节点的文本节点
                var newTextNode=document.createTextNode("元素节点 2");
                //在创建的节点上增加文本
                newNode.appendChild(newTextNode);
                //插入节点
                parentNode.insertBefore(newNode,targetNode);
        </script>
```

图 19-7 所示为上述代码的运行效果。

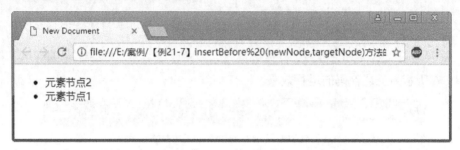

图 19-7　insertBefore(newNode,targetNode)的使用

<ul>节点下有子节点<li>，<li>的 value 值是"元素节点 1"，该节点是目标节点。创建新的<li>节点，节点的 value 值是"元素节点 2"，该节点是新节点，<ul>节点调用 insertBefore()，将新节点追加到目标节点的前面。

19.4.3　删除 DOM 节点

removeChild(nodeElement)用于从给定元素节点里删除指定的子节点，nodeElement 参数指定的是要删除的子节点。

当某个节点被 removeChild()删除时，这个节点所包含的所有子节点将同时被删除。如果想删除某个节点，但不知道它的父节点是哪一个，可以借助 parentNode 属性。该方法由子节点的父节点去调用。

【例 19-8】 removeChild()的使用。

```
    <ul id="nodes">
                <li value="node1" id="node1">元素节点 1</li>
                <li value="node2" id="node2">元素节点 2</li>
    </ul>
    <script type="text/javascript">
                var ulElement=document.getElementById("nodes");
                var nodeElement1=document.getElementById("node1");
                var nodeElement2=document.getElementById("node2");
                //删除元素节点 1
                ulElement.removeChild(nodeElement1);
                //通过 parentNode 属性获取其父节点
```

```
        var parentElement=nodeElement2.parentNode;
        //删除元素节点 2
        parentElement.removeChild(nodeElement2);
</script>
```

图 19-8 所示为上述代码的运行效果。

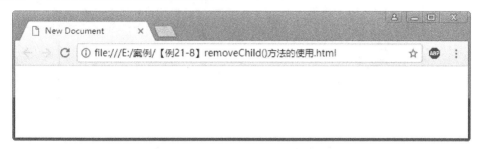

图 19-8　removeChild()的使用

通过图 19-8 可以看到，页面中没有元素，通过两个方法删除页面中的两个<li>节点。
"元素节点 1"是通过已知父节点删除的；如果不知道元素节点的父节点，可以像删除"元素节点 2"那样，先获取它的父节点，然后删除。

19.4.4　替换 DOM 节点内容

replaceChild(newChild,oldChild)用于将旧的节点替换为新的节点。

newChild 是新节点，oldChild 是要替换的节点。把一个给定父元素里的一个子节点替换为另外一个子节点，如果被插入的子节点还有子节点，则那些子节点也被插入到目标节点中。该方法由需要替代子节点的父节点调用。

【例 19-9】 replaceChild(newChild,oldChild)的使用。

```
元素:
<ul id="elements">
        <li id="element1" value="element1">元素 1</li>
        <li id="element2" value="element2">元素 2</li>
        <li id="element3" value="element3">元素 3</li>
</ul>
节点:
<ul id="nodes">
        <li id="node1" value="node1">节点 1</li>
        <li id="node2" value="node2">节点 2</li>
        <li id="node3" value="node3">节点 3</li>
</ul>
<script type="text/javascript">
        var parentElement=document.getElementById("elements");
        var element2=document.getElementById("element2");
        var node2=document.getElementById("node2");
        //将元素 2 替换为节点 2
```

```
                    parentElement.replaceChild(node2,element2);
        </script>
```

图 19-9 所示为上述代码的运行效果。

图 19-9　replaceChild(newChild,oldChild)的使用

通过图 19-9 可以看出，<ul>节点调用 replaceChild ()，旧节点是"元素 2"，被新节点"节点 2"替换掉了，原来的"节点 2"被移除；也可以通过创建一个"元素 2"节点，然后去替换指定的节点。

19.4.5　改变 DOM 节点样式

getAttribute()用于查找属性值，给定属性的值将以字符串的形式返回，如果给定属性不存在，将返回一个空字符串。

setAttribute()用于设置属性值，为给定元素节点添加一个新的属性值或改变它的现有属性的值，如果属性存在则替换属性的值，如果不存在，则创建该属性。

【例 19-10】　改变节点的样式。

```
<p id="dom">改变节点样式</p>
<input type="button" onclick="getName();" value="获取 name">
<script type="text/javascript">
        //获取元素的引用
        var pElement=document.getElementById("dom");
        //设置属性值
        pElement.setAttribute("name","HTML DOM");
        pElement.setAttribute("style","font-family:'楷体';font-size:2em;");
        function getName(){
            //获取设置的属性值
            var nameValue=pElement.getAttribute("name");
            alert("nameValue : "+nameValue);
        }
</script>
```

图 19-10 所示为上述代码的执行效果。

图 19-10　改变节点的样式

通过 setAttribute()设置属性的值，给节点添加属性和样式，给<p>节点添加字体变大、楷体的样式，添加 name 属性，值为 HTML DOM；通过 getAttribute()查找属性的值，点击按钮可以获取节点<p>的 name 属性的值。

19.5　实验与练习

使用 JavaScript 的 DOM 操作实现如下功能：当点击第一个按钮时会将左侧选中的项移动到右侧；点击第二个按钮时会将左侧的全部项都移动到右侧，另外两个按钮的作用相反。

效果如图 19-11 所示。

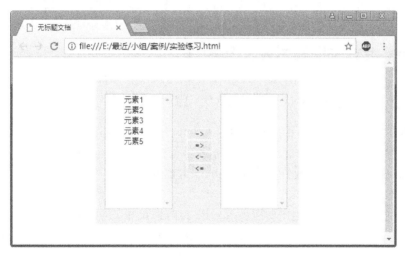

图 19-11　使用 DOM 操作完成选项的功能

第 20 章　Ajax 实现异步后台传输技术

随着 Web 交互技术的发展，一个真正意义上的异步交互技术——Ajax 应运而生。本章将主要介绍 Ajax 的相关关键技术及工作原理，并在此基础上设计一个数字累加功能案例。

20.1　Ajax 实现后台传输技术简介

传统的 Web 交互模式，页面需要全部刷新，等待时间长，影响用户体验；iframe 方式通过刷新隐藏框架的方式，虽然模拟实现了异步交互，但并非真正的异步，且应用起来较为烦琐。为了解决上述问题，一个用来提高响应效率、完善界面表现方式、真正的异步交互技术应运而生，它就是 Ajax。Ajax 首先是在 Adaptive Path 公司的 Jesse James Garrett 发表的一篇名为《Ajax: Ajax A New Approach to Web Applications》的文章中出现的。这种技术通过真正的异步通信和响应来完成页面的局部刷新，以此改善传统 Web 应用中大量不必要的整页刷新，从而提高响应效率，减少用户的等待时间，极大地改善了页面的表现和交互方式。

20.2　Ajax 相关关键技术及工作原理

20.2.1　XMLHttpRequest 对象及其方法、属性

XMLHttpRequest（以下简称 XHR 对象）继承于 XMLHttp，能够通过 HTTP 协议连接服务器，以异步通信的方式发送信息到服务器，而不是向服务器提交整个页面；XMLHttpRequest 也可以同步或异步接收 Web 服务器的响应。

1. XMLHttpRequest 对象方法

XHR 提供了很多的方法用来向服务器发送 HTTP 请求，并在服务器完成相应处理后接收服务器返回的信息。表 20-1 列出了 XHR 对象的一些方法。

表 20-1　XHR 对象方法描述

方　　法	描　　述
abort()	取消当前 HTTP 请求
getAllResponseHeader()	返回 HTTP 响应的头部信息
getResponseHeader()	返回指定的 HTTP 首部的值
open()	通过设置请求方法、URL 地址和安全信息初始化来请求对象
send()	发送 HTTP 请求到 HTTP 服务器并且接收响应
setRequestHeader()	设置 HTTP 请求的首部名称

下面对表 20-1 中的方法进一步说明。

（1）open()方法

open()方法用于设置异步请求的 URL 地址、请求方法及其他参数来完成请求。表 20-2 具体列出了这些参数的含义，其语法格式如下。

XMLHttpRequest.open(method, url, async, userName, password);

表 20-2   open()方法参数属性描述

参 数 名 称	描　　述
method	指定请求类型，有 get 和 post 两种
url	指定请求地址
asyncFlag	指定请求方式，异步请求是 true，同步请求是 false，默认情况是 ture
userName	指定请求名，不需要时可省略
password	指定请求密码，不需要时可省略

（2）abort()方法

当程序发生请求时，使用 abort()方法可以结束本次请求，等同于强制性退出。通过该方法可以更方便地控制连接的时间长度。当需要很明确地规定请求发送时间时，可以通过 abort()方法提前结束请求。

（3）send()方法

send()方法用于向服务器发送请求，当请求为异步时该方法立即返回，否则一直等到响应为止。send 方法的语法格式如下。

send("content")

2．XMLHttpRequest 对象属性

XHR 提供了很多属性用来监听服务器的状态，并在服务器完成相应处理后返回一些状态信息。表 20-3 列出了 XHR 对象的一些属性。

表 20-3   XHR 对象属性描述

属　　性	描　　述
onreadystatechange	指定在 readystate 属性改变时自动调用 onreadystatechange 指定的 Javascript 方法
readyState	请求处理状态的 5 个取值： 0=未初始化，已创建 XMLHttpRequest 对象但未初始化请求； 1=正在加载，其实是在调用 open()方法后与调用 send()方法之间就进入该状态，但还没有发生网络通信； 2=加载完成，调用 send()方法后进入此状态； 3=交互中，此时已接收了部分响应数据，但 responseText 和 responseXML 处于不可用状态； 4=完成，表示从服务器得到了完整的数据
responseBody	HTTP 响应被返回
responseStream	HTTP 响应被返回
responseText	服务器响应后，表现成一个串
responseXML	服务器响应后，表现为一个 XML 格式
status	服务器的 HTTP 状态码，例如 200 是指正确响应，404 是指 URL 指定的页面不存在，500 表示服务器发生错误等
statusText	HTTP 状态码对应的文本

20.2.2　jQuery 库

jQuery 是继prototype之后又一个优秀的JavaScript库。它是轻量级的 JS 库，兼容CSS3及多种浏览器。jQuery 将 Ajax 操作进行了封装，便于开发者在处理 Ajax 时不用处处考虑浏览器的兼容性，以及 XHR 对象的创建、使用等一系列问题。

下面对 jQuery 库中的一些 Ajax 常见方法进行介绍。

1．$.ajax()方法

$.ajax()方法包含 Ajax 的所有操作，其语法格式如下。

```
$.ajax(url,[settings])
```

$.ajax()方法的一些参数的详细描述如表 20-4 所示。

表 20-4　$.ajax()方法参数描述

参 数 名 称	描　　述
url	发送请求地址
type	请求方式（get 或 post），默认为 get
timeout	设置请求超时时间（毫秒）
async	设置请求方式，默认为 true（异步请求），flase 为同步请求
cache	当 dataType 为 scipt 时默认为 flase，此时不会从浏览器缓存中加载请求信息
data	发送给服务器的数据的格式必须为 key/value 格式

2．$.get()方法

$.get()方法是使用 get 方式进行异步请求，其语法格式如下。

```
$.get(url, [data], [callback], [type])
```

$.get()方法的一些参数的详细描述如表 20-5 所示。

表 20-5　$.get()方法参数描述

参 数 名 称	描　　述
url	发送请求的 URL 地址
Data	发送给服务器的 key/value 数据作为 QueryString 附加到请求 URL 中
Callback	请求成功后执行的方法名
Type	服务器返回的文件格式

3．$.post()方法

$.post()方法是带有参数的向服务器发送数据请求。$.post()方法进行调用的语法格式如下。

```
$.post(url, [data], [callback], [type])
```

20.2.3　Ajax 的工作原理及流程

Ajax 的工作原理是采用异步交互处理技术，具体步骤如下（见图 20-1）。

1）用户端浏览器在运行时通过 XHR 加载一个 Ajax 引擎。

2）Ajax 引擎创建一个异步调用的对象，并向 Web 服务器发出一个 HTTP 请求。

3）Web 服务器端接收请求数据后，对该请求进行处理（如果需要可协同数据库服务器，获取数据库中存储的相关数据，对请求进行处理）。

4）Web 服务器将处理结果以 XML 等形式返回给 Ajax 引擎。

5）Ajax 引擎接收返回的结果后，通过 JavaScrip 调用 DOM 模型显示在浏览器上。

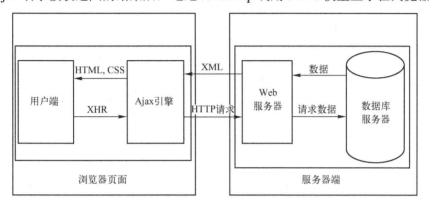

图 20-1　Ajax 工作原理图

20.3　示例程序

下面给出一个使用 Ajax 技术和轮询方式，通过异步交互，定时获取数字累加结果并进行显示的案例。

20.3.1　客户端关键代码

浏览器端设置定时器每一秒使用 Ajax 技术中的 XHR 对象，异步发送请求至服务器；服务器在接收到请求后，计数器加 1，并将计数结果反馈给客户端；客户端通过 DOM 技术，将该结果局部更新于页面上。

关键代码如下。

```
<script type="text/javascript">
    var interval;
    var xmlHttp = false;//初始化
    //定义浏览器的连接方式
    try {
        xmlHttp = new ActiveXObject("Msxml2.XMLHTTP");
        }
    catch (e) {
            try {
                xmlHttp = new ActiveXObject("Microsoft.XMLHTTP");
                }
        catch (e2)
```

```
                {
                        xmlHttp = false;
                }
        }
    if (!xmlHttp && typeof XMLHttpRequest != 'undefined')
        {
                xmlHttp = new XMLHttpRequest();      //创建新的 XHR 对象
        }
    function frush()
    {
                xmlHttp.open("GET", "ajax", true);      //true 是指异步请求方式
                xmlHttp.onreadystatechange = updatePage;
                xmlHttp.send(null);                      //向服务器发送一个空指令
    }
    var num;
    function updatePage()
    {
                if (xmlHttp.readyState == 4)             //服务器接收到完整的数据
                {
                    if (xmlHttp.status == 200)           //服务器正确响应
                    {
                            document.getElementById("num").innerHTML
                              = xmlHttp.responseText;
                    }
                    else if (xmlHttp.status == 404)      //页面不存在
                            alert("Request URL does not exist");
                    else {
                            alert("Error: status codeis " + request.status);
                    }
                }
    }
    function init()
    {
                interval = setInterval(frush, "1000");      //执行每一秒刷新一次
    }
</script>
</head>
<body onload="init()">
    <h2>这是 Ajax 的第一个网页！本行语句不刷新，本页面只有下面的计时器刷新。</h2>
    <h3 id="num">...</h3>
    <br>
</body>
```

20.3.2 服务器端关键代码

服务器端在接收到请求后，计数器加 1 后将计数结果反馈给客户端，并关闭连接（轮

询交互方式）。

关键代码如下。

```java
public class Ajax extends HttpServlet {
    int i = 1;
    public Ajax() {
    }
    public void destroy() {
        super.destroy();
    }
    public void doGet(HttpServletRequest request, HttpServletResponse response)
            throws ServletException, IOException {
        doPost(request, response);                    //调用向服务器发送请求的方式
    }
    public void doPost(HttpServletRequest request, HttpServletResponse response)
            throws ServletException, IOException {
        response.setHeader("Connection", "Close");    //服务器端关闭连接
        response.getWriter().write(i++ +"");          //服务器端回写数据
    }
    public void init() throws ServletException {
    }
}
```

20.3.3　案例系统运行效果

图 20-2 和图 20-3 所示为数字累加案例的运行效果。页面的初始状态如图 20-2 所示；客户端以异步交互方式每秒向服务器发送请求；服务器接收到请求后计数器加 1，并将计数器结果在页面"…"处进行显示。图 20-3 所示为系统运行 25 秒时的页面效果。

图 20-2　Ajax 刚运行时的页面

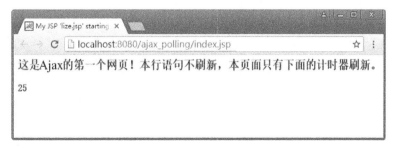

图 20-3　Ajax 运行 25 秒时的页面

20.4 实验与练习

实现一个页面，拥有如下两个功能。

1）页面上有一个输入框和一个按钮。

2）输入内容通过 Ajax 提交到后台，验证输入的内容是否可用，通过无刷新页面方式给出提示，如图 20-4 和图 20-5 所示。

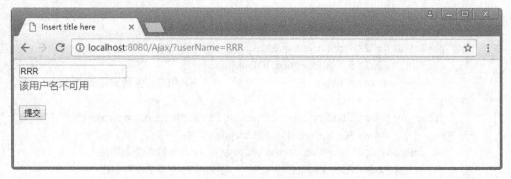

图 20-4　用户名不可用

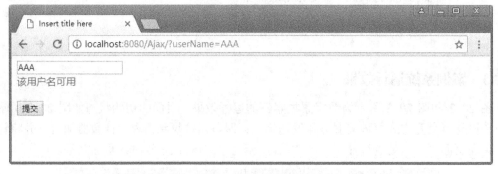

图 20-5　用户名可用

第 21 章　项目实训 3——使用 JavaScript 对小区物业网站的设计进行优化

本章将综合应用已学习过的 JavaScript 相关知识内容，继续完善物业公司网站，基本内容包括：①增加用户登录验证功能；②通过存储和访问 Cookie 提升界面友好性；③实现环境景点图片动态轮播功能；④实现 Ajax 实时更新功能。

21.1　网站需求分析

1．项目意义

JavaScript 是一种直译式脚本语言，是一种动态类型、弱类型、基于原型的语言，内置支持类型。它的解释器被称为 JavaScript 引擎，为浏览器的一部分，广泛用于客户端的脚本语言，最早是在 HTML（标准通用标记语言下的一个应用）网页上使用，用来为 HTML 网页增加动态功能。

2．项目背景简介

团美物业服务有限责任公司以"全方位、零距离"为企业宗旨；以"管家式、保姆式"为经营理念；以"规范化、人性化"为管理模式；以"全心全意、真心诚意"为服务口号；以全、优、特的理念为宗旨，力推精品物业服务，以高标准的服务和良好的信誉来赢得客户的尊重与信赖，努力实现与客户同荣、互利、双赢的新局面。

3．目标市场及可行性分析

团美物业公司网站的目标访问群体和消费群体主要来自开发商、小区业主等。网站一方面要达到宣传企业形象的目的；另一方面，可以通过本网站进行即时洽谈。随着企业网站的建立，将切实降低企业的营销与宣传成本，提高工作效率，为公司带来一定的经济效益。

21.2　JavaScript 对登录网页增加用户交互

本网站设计用户登录验证的网页页面布局如图 21-1 所示。打开公司网站后，在右上角点击登录按钮，会在内嵌的 iframe 里显示登录页面，如果用户名和密码其中一个为空，则会通过 CSS 样式警告提示输入，并拒绝登录。只有用户名和密码都不为空时，才允许提交表单进入系统，并且提示登录成功。

图 21-1 用户登录验证设计布局图

首先设置当输入框得到焦点时的代码，示例如下。

【例 21-1】 使用 JavaScript 实现得到焦点。

```
<script type="text/javascript">
    //得到焦点
function focusUserName() {
   document.getElementById("remind_username").innerHTML = "";
   document.getElementById("change_margin_account").style.marginBottom = 19 + "px";
}
function focusPassWord() {
   document.getElementById("remind_password").innerHTML = "";
   document.getElementById("change_margin_password1").style.marginBottom=19+"px";
}
```

【例 21-2】 前台登录页面。

```
<div class="content-form">
    <form method="post" action="" onsubmit="return submitTest()" id="myform">
        <div id="change_margin_account">
            <input class="user" type="text" id="user" placeholder="请输入用户名" onblur=
"onBlur_name()" onfocus="focusUserName()">
        </div>
        <!-- input 的 value 为空时弹出提醒 -->
        <p id="remind_username"></p>
        <div id="change_margin_password1">
            <input class="password" type="password" id="password" placeholder="请输入密码"
onblur="onBlur_password()" onfocus="focusPassWord()">
        </div>
        <!-- input 的 value 为空时弹出提醒 -->
```

```
            <p id="remind_password"></p>
            <div id="change_margin_password2">
                <input class="content-form-signup" type="submit" value="登录">
            </div>
        </form>
    </div>
</div>
```

示例代码说明如下。

1）在写好登录页面的前提下，添加登录验证功能，当用户焦点在输入框时，remind_username 为用户是否输入了名字的提示。如果输入或正在输入，则值为空；若没有输入名字，则会提示"请输入用户名"。

2）使用 getElementById()方法得到 DOM 节点，以修改它的样式。

3）为防止 CSS 属性有大幅度变动，重新设置了 change_margin_account 样式，后面有类似的代码，不再赘述。

其次设置当输入框失去焦点时验证的代码，示例如下。

【例 21-3】 使用 JavaScript 实现当输入框失去焦点时验证的代码。

```
<script type="text/javascript">
//用户名失去焦点时验证
function onBlur_name() {
    userName = document.getElementsByTagName("input")[0].value;
    if(!userName){
        document.getElementById("remind_username").innerHTML = "请输入用户名！";
        document.getElementById("change_margin_account").style.marginBottom = 1 + "px";
    }else{
        document.getElementById("remind_username").innerHTML = "";
        document.getElementById("change_margin_account").style.marginBottom = 19 + "px";
    }
}
//密码失去焦点时验证
function onBlur_password() {
    passWord = document.getElementsByTagName("input")[1].value;
    if(!passWord){
        document.getElementById("remind_password").innerHTML = "请输入密码！";
        document.getElementById("change_margin_password1").style.marginBottom = 1 + "px";
    }else {
        document.getElementById("remind_password").innerHTML = "";
        document.getElementById("change_margin_password1").style.marginBottom=19 + "px";
    }
}
```

示例代码说明如下。

1）使用代码 onblur="onBlur_name()" onfocus="focusUserName() 从 input 里获得输入框中的内容。

2）通过 getElementsByTagName 得到 JavaScript 对象，加[0]代表将先输入的用户名转化

为 DOM 对象，.value 是得到目标变量值的方法。

3）通过 if else 语句判断如果用户名或密码为空，则将 remind_password 里的内容添加为"请输入用户名"或"请输入密码"来提示用户。

在 Google 浏览器中运行上述示例代码后的显示界面如图 21-2 和图 21-3 所示。

图 21-2　当输入框失去焦点时验证

图 21-3　当输入框获得焦点时验证

最后设置验证效果的代码，示例如下。

【例 21-4】　使用 JavaScript 实现登录验证。

```
<script type="text/javascript">
    //输入为空拒绝提交
    function submitTest() {
        userName = document.getElementsByTagName("input")[0].value;
        passWord = document.getElementsByTagName("input")[1].value;

        if(!userName && !passWord){
```

```
            document.getElementById("remind_username").innerHTML = "请输入用户名！";
            document.getElementById("change_margin_account").style.marginBottom = 1 + "px";
            document.getElementById("remind_password").innerHTML = "请输入密码！";
            document.getElementById("change_margin_password1").style.marginBottom=1+"px";
                return false;
        }else if (!userName){
            document.getElementById("remind_username").innerHTML = "请输入用户名！";
            document.getElementById("change_margin_account").style.marginBottom = 1 + "px";
            return false
        }else if (!passWord){
            document.getElementById("remind_password").innerHTML = "请输入密码！";
            document.getElementById("change_margin_password1").style.marginBottom=1+"px";
            return false;
        }else{
                alert("登录成功！");
            }
        }
    </script>
```

示例代码说明：如果输入为空，则拒绝提交表单；如果用户名密码都填写过，则提示登录成功。

运行上述示例代码后的显示界面如图 21-4 所示。

图 21-4　登录验证

21.3　使用 Cookie 提升界面友好性

本网站设计用户登录验证的网页页面布局如图 21-5 所示。打开公司网站后，在右上角点击登录按钮，会在内嵌的 iframe 里显示登录页面，用 Cookie 实现记住用户登录账号和密码的功能。

图 21-5　用户登录验证设计布局

首先写出设置和读取 Cookie 的代码，示例如下。

【例 21-5】 添加和读取 Cookie。

```javascript
function setCookie(name,data,args) {
    if (name) {
        args = args || {};
        if (data == null) {
            name += '=';
            args.expires = -1;
        } else {
            name += '=' + encodeURIComponent(data);
        }
        if (args.expires) {
            if (typeof(args.expires) == 'number') {
                var expires = new Date();
                expires.setTime(expires.getTime() + args.expires * 1000);
                name += '; expires=' + expires.toGMTString();
            }
            else if (args.expires.toGMTString) {
                name += '; expires=' + args.expires.toGMTString();
            }
        }
        if (args.path) {
            name += '; path=' + args.path;
        }
        if (args.domain) {
            name += '; domain=' + args.domain;
        }
        if (args.secure) {
            name += '; secure';
```

```
            }
            document.cookie = name;
        }
    }
    function getCookie(name) {
        //document.cookie 获取当前网站的所有 Cookie

        var cookie = document.cookie;
        if (cookie) {
            var pos1, pos2;
            pos1 = cookie.indexOf(name + '=');
            if (pos1 != -1) {
                pos1 = pos1 + name.length + 1;
                pos2 = cookie.indexOf(';', pos1);
                if (pos2 == -1) {
                    pos2 = cookie.length;
                }
                return decodeURIComponent(cookie.substring(pos1, pos2));
            }
        }
        return null;
    }
```

【例 21-6】 对提交函数的修改。

```
function submitTest() {
    var userName = document.getElementsByTagName("input")[0].value;
    var passWord = document.getElementsByTagName("input")[1].value;

    if (!userName && !passWord) {
        document.getElementById("remind_username").innerHTML = "请输入用户名！ ";
        document.getElementById("change_margin_account").style.marginBottom=1 + "px";

        document.getElementById("remind_password").innerHTML = "请输入密码！ ";
        document.getElementById("change_margin_password1").style.marginBottom=1+"px";
        return false;
    } else if (!userName) {
        document.getElementById("remind_username").innerHTML = "请输入用户名！ ";
        document.getElementById("change_margin_account").style.marginBottom = 1 + "px";
        return false
    } else if (!passWord) {
        document.getElementById("remind_password").innerHTML = "请输入密码！ ";
        document.getElementById("change_margin_password1").style.marginBottom=1+ "px";
        return false;
    } else {
        setCookie("userName", userName, 5*60);
        setCookie("passWord", passWord, 5*60);
```

```
        alert("登录成功！");
    }
}
userName = getCookie("userName");
passWord = getCookie("passWord");
```

示例代码说明如下。

1）name 为待操作的 Cookie 名，data 为待操作的 Cookie 值，args 为可选属性，这里只做生效时间的介绍，以毫秒为单位，在代码里做了处理，使 args*1000，所以设置的 args 相当于秒。

2）效果为当用户输入提交成功后，自动将 Cookie 写入输入框中。

效果如图 21-6 和图 21-7 所示。

图 21-6　使用 Cookie 提升界面友好性 1

图 21-7　使用 Cookie 提升界面友好性 2

21.4 JavaScript 对相应网页增加动画效果

21.4.1 实现环境景点图片轮播功能

本网站设计环境景点的网页页面如图 21-8 所示，打开公司网站后，在横向导航栏中点击环境景点，会在内嵌的 iframe 里显示小区环境的图片轮播。

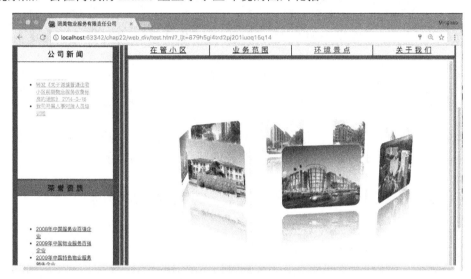

图 21-8　环境景点图片轮播效果

【例 21-7】 使用 JavaScript 实现小区环境景点图片轮播。

```
<script type="text/javascript">
<script src="js/jquery-1.11.0.min.js" type="text/javascript"></script>
<script type="text/javascript">
    $(function(){
        var imgL=$(".pic img").size();
        var deg=360/imgL;
        var roY=0,roX=-10;
        var xN=10,yN=0;
        var play=null;
        $(".pic img").each(function(i){
            $(this).css({
                "transform":"rotateY("+i*deg+"deg) translateZ(240px)"   });
                $(this).attr('ondragstart','return false');
        });
        roY+=xN*0.2;
        roX-=yN*0.1;
        $('.pic').css({
            transform:'perspective(800px) rotateX('+roX+'deg) rotateY('+roY+'deg)'
        });
```

```
                        var play=setInterval(function(){
                            xN*=1;
                            yN*=1;
                            if(Math.abs(xN)<1 && Math.abs(yN)<1){
                                clearInterval(play);
                            }
                            roY+=xN*0.2;
                            roX-=yN*0.1;
                            $('.pic').css({
                                transform:'perspective(800px) rotateX('+roX+'deg) rotateY('+roY+'deg)'
                            });
                        },30);
                });
        </script>
```

示例代码说明：这里用到了 jQuery（JavaScript 库）选择器，基本格式为$("元素")，通过一系列算法，使 8 张图片按照以 240px 为半径的圆绕 z 轴旋转显示。

前台属性设置如下。

【例 21-8】 使用 JavaScript 实现小区环境景点图片轮播的前台属性。

```
    <head>
        <style type="text/css">
            *{margin:0;padding: 0;}
            .pic{
                height: 100px;
                margin: 150px auto 0;
                position: relative;
                /*transform  旋转元素*/
                transform-style:preserve-3d;
                transform:perspective(800px) rotateX(-10deg) rotateY(0deg);
            }
            body{background-color: white;overflow:hidden;}
            .pic img{
                position: absolute;
                left: 275px;
                height: 100%;
                border-radius: 10px;
                box-shadow: 0px 0px 10px #fff;
                /*倒影的设置*/
                -webkit-box-reflect:below 10px -webkit-linear-gradient(top,rgba(0,0,0,0) 50%,rgba(0,0,0,.5) 100%);
            }
            .pic p{
                width: 1200px;
                height: 1200px;
                background:-webkit-radial-gradient(center,600px 600px,rgba(255,255,255,.5),rgba(0,0,0,0));
                position: absolute;
```

```
                    top:100%;left:50%;
                    margin-top: -600px;
                    margin-left: -600px;
                    border-radius:600px;
                    transform:rotateX(90deg);}
          </style>
  </head>
  <body>
  <div class="pic">
          <img src="img/201211985628694.jpg"/>
          <img src="img/201381216013916.jpg" />
          <img src="img/2013812153133953.jpg"/>
          <img src="img/2013812155438614.jpg"/>
          <img src="img/20111025115159855.jpg"/>
          <img src="img/20111025123519110.jpg"/>
          <img src="img/20111025133741901.jpg"/>
          <img src="img/20111025123519110.jpg"/>
  </div>
  </body>
```

21.4.2 实现 Ajax 实时更新功能

　　本网站设计新闻实时更新的网页页面，如图 21-9 所示，在打开公司网站后，左侧新闻内容会定时更新。

图 21-9　Ajax 实时更新内容

示例如下。

【例 21-9】 使用 JavaScript 实现 Ajax 实时更新。

```
<script type="text/javascript" src="js/jquery-1.11.0.min.js"></script>
<!--suppress JSAnnotator -->
<!--ajax 由于安全限制，必须通过站点才能使用-->
<!--json 需要放到站点文件中-->
<script>
    $(function () {
        function getNews(id) {
            $ul = $("#company_news ul");
            $.ajax({
                type: "GET",
                url: 'news' + id + '.json',
                dataType: "json",
                success: function (list) {
                    var li= "";
                    list.forEach(function(data){
                        li += '<li><a style="'+data.style+'"href="'+data.href+'">'+data.title+'</a></li>';
                    })
                    $ul.html(li);
                }
            });
        }
         var id = 0;
    getNews(id++);
    setInterval(function () {
        if(id > 3) id = 0;
        getNews(id++);
    },5000);
})
</script>
```

【例 21-10】 实现 Ajax 实时更新的 json 文件 news1.json。

```
[{
    "title": "新技术应用成为普惠金融核心驱动力",
    "href": "zaiguan.html",
    "style": "color: black"
},{
    "title": "鹏鹞环保成功签约沅江市污水处理厂 PPP 项目",
    "href": "#",
    "style": "color: black"
},
{
    "title": "退休老太陈宝珍传奇难续  创建的网宿科技为何从辉煌走向没落",
    "href": "#",
```

```
        "style": "color: black"
}]
```

示例代码说明如下。

1）利用 Ajax 技术循环更新 3 个 json 文件里的内容，其中使用了 jQuery 选择器。

2）jQuery 是继prototype之后又一个优秀的JavaScript库。它是轻量级的 JS 库，兼容CSS3及多种浏览器。jQuery 将 Ajax 操作进行了封装，便于开发者在处理 Ajax 时不用处处考虑浏览器的兼容性，以及 XHR 对象的创建、使用等一系列问题。

下面对 jQuery 库中的一些 Ajax 常见方法进行介绍。

$.ajax()方法包含 Ajax 的一切操作，其语法格式如下。

```
$.ajax(url,[settings])
```

$.ajax()方法一些参数的详细描述如表 21-1 所示。

表 21-1　$.ajax()方法参数描述

参 数 名 称	描　　　述
url	发送请求的地址
type	请求方式（get 或 post），默认为 get
timeout	设置请求超时时间（毫秒）
async	设置请求方式，默认为 true（异步请求），flase 为同步请求
cache	当 dataType 为 scipt 时，默认为 flase，此时不会从浏览器缓存中加载请求信息
data	发送给服务器的数据的格式必须为 key/value 格式

21.5　总结分析

本章通过对 JavaScript 相关知识加以综合利用，进行项目实训。

完善网站环境景点图片轮播，使页面更加丰富美观；加入了登录验证的功能，使整个网站的安全性大大提高；并且使用 Cookie 记住用户名和密码，提升界面的友好性，方便用户登录。

Ajax 实时更新新闻内容，使用户可以更快捷、方便地查看新闻内容，增加用户体验，同时补充 jQuery 相关基本选择器知识、以及 jQuery+Ajax 内容，简化 JavaScript 代码，丰富页面效果，实现在线交流的功能。

参 考 文 献

[1] 莫里斯. Web 开发与设计基础[M]. 5 版. 传思，苏磊，马振萍，译. 北京：清华大学出版社, 2011.

[2] HTML/CSS/JavaScript 标准教程实例版编委会. HTML/CSS/JavaScript 标准教程实例版[M]. 4 版. 北京：电子工业出版社，2012.

[3] 刘西杰，柳林. HTML、CSS、JavaScript 网页制作从入门到精通[M]. 北京：人民邮电出版社，2012.

[4] 陈矗，任平红. Web 编程基础——HTML、CSS、JavaScript [M]. 北京：清华大学出版社，2014.

[5] 赵振，王顺，于梦竹，等. Web 异步与实时交互 iframe AJAX WebSocket 开发实战[M]. 北京：人民邮电出版社，2016.